七彩数学

姜伯驹 主编

QICAISHUXUE

组合几何趣谈

丁 仁□著

科学出版社

北 京

内 容 简 介

本书介绍一系列典型而有趣的组合几何问题. 全书论述力求深入浅出, 周密详尽, 配有大量插图, 以便读者思考理解; 本书既注重问题的趣味性, 又不失推理严谨, 体现了组合几何这门学科的特点, 可谓"直觉与抽象齐飞, 浅近共深奥一色".

书中大部分命题定理均给出浅近完整的证明, 有的命题还给出多种证明, 以触类旁通, 开阔思路. 各个章节的内容具有相对独立性, 读者可选择感兴趣的章节先行阅读, 开篇有益, 随后必有兴趣细读全书, 提升对数学乃至其他相关学科的认知与爱好.

众所周知, 许多数学竞赛题与组合几何有关. 愿中学生、中学老师、大学生及研究生都会从不同角度喜欢这本通俗读物, 各取所需, 各有所得.

图书在版编目(CIP)数据

组合几何趣谈/丁仁著. —北京: 科学出版社, 2017
(七彩数学/姜伯驹主编)
ISBN 978-7-03-054077-5

Ⅰ.①组… Ⅱ.①丁… Ⅲ.①几何−普及读物 Ⅳ.①O18-49

中国版本图书馆 CIP 数据核字(2017) 第 187406 号

责任编辑: 陈玉琢 / 责任校对: 张凤琴
责任印制: 赵 博 / 封面设计: 耕者工作室

科学出版社 出版
北京东黄城根北街 16 号
邮政编码: 100717
http://www.sciencep.com

北京华宇信诺印刷有限公司印刷
科学出版社发行 各地新华书店经销
*
2017 年 9 月第 一 版 开本: A5(890×1240)
2024 年 5 月第五次印刷 印张: 9 5/8
字数: 150 000
定价: **68.00** 元
(如有印装质量问题, 我社负责调换)

丛书序言

2002 年 8 月, 我国数学界在北京成功地举办了第 24 届国际数学家大会. 这是第一次在一个发展中国家举办的这样的大会. 为了迎接大会的召开, 北京数学会举办了多场科普性的学术报告会, 希望让更多的人了解数学的价值与意义. 现在由科学出版社出版的这套小丛书就是由当时的一部分报告补充、改写而成.

数学是一门基础科学. 它是描述大自然与社会规律的语言, 是科学与技术的基础, 也是推动科学技术发展的重要力量. 遗憾的是, 人们往往只看到技术发展的种种现象, 并享受由此带来的各种成果, 而忽略了其背后支撑这些发展与成果的基础科学. 美国前总统的一位科学顾问说过: "很少有人认识到, 当前被如此广泛称颂的高科技, 本质上是数学技术".

在我国, 在不少人的心目中, 数学是研究古老难题的学科, 数学只是为了应试才要学的一门学科. 造成这种错误印象的原因很多. 除了数学本身比较抽象, 不易为公众所了解之外, 还有学校教学中不适当的方式与要求、媒体不恰当的报道等等. 但是, 从我们数学家自身来检查, 工作也有欠缺, 没有到位. 向社会公众广泛传播与正确解释数学的价值, 使社会公众对数学有更多的了解, 是我们义不容辞的责任. 因为数学的文化生命的位置, 不是积累在库藏的书架上, 而应是闪烁在人们的心灵里.

20 世纪下半叶以来, 数学科学像其他科学技术一样迅速发展. 数学本身的发展以及它在其他科学技术的应用, 可谓日新月异, 精彩纷呈. 然而许多鲜活的题材来不及写成教材, 或者挤不进短缺的课时. 在这种情况下, 以讲座和小册子的形式, 面向中学生与大学生, 用通俗浅显的语言, 介绍当代数学中七彩的话题, 无疑将会使青年受益. 这就是我们这套丛书的初衷.

这套丛书还会继续出版新书, 我们诚恳地邀请数学家同行们参与, 欢迎有合适题材的同志踊跃投稿. 这不单是传播数学知识, 也是和年轻人分享自己的体会和激动. 当然, 我们的水平有限, 未必能完全达到预期的目标. 丛书中的不当之处, 也欢迎大家批评指正.

姜伯驹

2007 年 3 月

前　言

　　创造的挑战与愉悦，构思的深邃与优雅，推理的出奇制胜，幻想的驰骋飞扬，这可以说是对数学特点的一种全方位的概括. 本书是一部有关组合几何的通俗读物，阅读本书或许会让读者认同对数学特点的这一富有诗意的表述，步入数学的乐园.

　　本书论述组合几何中一系列著名问题，力求深入浅出，讲解详尽，并配以大量插图帮助理解相关内容. 书中绝大部分定理命题均给出简明易懂的详尽证明，有的还给出多种不同的巧妙证明，以激发兴趣，启发思考. 本书各个章节的内容具有相对独立性，读者可随意选择感兴趣的章节先行阅读. 开篇有益，希望爱好数学的中学生，攻读数学专业的大学生与研究生都会喜欢这本通俗读物，各取所需，各有所得.

　　组合几何是一门融组合论与几何学为一体

的学科, 研究几何元素的离散性质, 研究几何元素的各种组合配置问题与相关计数问题. 这里的所谓几何元素包括诸如点、直线、圆、球面、多边形、多面体等我们熟悉的几何对象. 许多组合几何问题因其直观浅近的表述独具魅力, 而问题的解决却往往或抽象深奥, 或峰回路转, 套用王勃《滕王阁序》中的名句, 真可谓"直觉与抽象齐飞, 浅近共深奥一色". 正如匈牙利数学家 Pach 在他的《组合几何》中文版序中所说, "组合几何学中尚未解决的难题比比皆是, 解决这些问题需要新思想与新方法, 组合几何学是有志挑战数学难题者一展身手的最佳领域". 鉴于这一领域的研究难度与论证方法的多样性, 许多具体问题的解决往往标志着相关研究课题的重要进展.

组合几何学是一个古老而又年轻的数学分支. 事实上德国数学家欧拉 (1667—1748) 与开普勒 (1571—1630) 即对组合几何问题多有研究. 但严格说来组合几何作为一个数学分支是从 20 世纪 30 年代开始逐步形成的, 保罗·埃尔德什 (Paul Erdős, 1913—1996) 不断提出大量组合几何问题, 引起了数学界的越来越广泛的关注, 20 世纪中叶开始涌现出多种多样的组合几何研究成果. 埃尔德什一生发表了约 1500 篇高水平的学术论文, 提出过组合几何及其他数学分支不计其数的猜想与待解决问题, 被称为 20 世纪的欧拉, 罕见的数学奇才. 埃尔德什以在全世界发掘和培养数学天才为己任, 造就了一大批贡献卓著的数学家. 埃尔德什没有家室, 没有职位, 居无定所, 四海为家, 把一生献给了数学, 去世前几小时还在华沙一个学术会议上讨论数学问题. 埃尔德什常风趣地说, "在天国上帝保存着一部巨著, 其中有对一切数学问题的解答, 有朝一日我见到那部巨著, 不知会读到些什么结果".

组合几何这个名称起源于 1955 年 H.Hadwiger 等出版的题为《平面组合几何》(Der kombinatorischen Geometrie in der Ebene)的专著. 国际数学界公认, 这部专著是组合几何学作为一门新学科诞生的标志. 在凸集理论与组合几何学等领域作出重大贡献的美国著名数学家 Victor Klee (1925—2007) 将其由德文原版译成英文, 并添加反映最新成果的一章, 于 1964 年出版, 堪称组合几何发展史上的一大盛事.

事实表明, 许多离散与组合几何研究成果在编码理论、组合优化理论、机器人学、计算机图形学等诸多领域都有十分重要的应用. 计算机技术的迅猛发展为组合几何的研究提供了强大的动力与契机; 而组合几何的研究成果又为计算机科学与数学有关研究提供了重要工具, 使组合几何学的理论与实际应用价值更为突出. 2015 年 7 月 29 日美国华盛顿大学的研究人员 Casey

v

Mann, Jennifer McLoud 与 David Von Derau 利用算法理论并借助计算机发现了一百年以来第十五种可以铺砌平面的凸五边形, 堪称是这种相辅相成关系的极好佐证. 正如 Boltyanski 等数学家 1997 年在他们的一部有关组合几何学的专著中指出的, "泛函分析、经济数学、优化理论、博弈论等学科在深入研究进程中必须建立确切的几何形象或几何模型", 组合几何—离散几何—凸几何理论已成为现代应用数学的重要工具之一. 希望本书有助于对这样一门古老而又年轻的学科的了解, 更希望青年学子在组合几何学研究中取得丰硕成果.

承蒙科学出版社陈玉琢编辑鼓励支持, 得以顺利完成书稿, 在此谨致以诚挚的谢意.

丁 仁

2017 年 8 月

目　录

ix

1 平面铺砌

1.1 铺砌的艺术

铺砌的艺术, 或称镶嵌的艺术, 在文明史中可以说是源远流长. 远古时代当人们开始建造房屋时, 就想到要用石块覆盖地面或美化墙壁, 要选择石块的颜色与形状, 要让石块镶嵌得当, 创造一个舒适美观的环境; 这时在他们的心目中就有了我们今天说的 "铺砌" 或 "镶嵌", 可以毫不夸张地说铺砌是一种艺术. 荷兰画家 M. C. Escher (1898—1972), 被称为 20 世纪画坛中独树一帜的艺术家, 以其源自数学灵感的木刻、版画等作品而闻名世界. 图 1.1 是 Escher 的名作《飞马图》, 用一幅飞马图案形成的区域铺砌全平面,不重叠, 无空隙. Escher 创作了大量这样的作品, 所以艺术界也称他为 "铺砌艺术之王"(king of tessellation art)①. 著名英国数学家 Roger Penrose 在铺砌理论方面有突出成就, 也是一位铺砌艺术家, 他与 Escher 在阿姆斯特丹一次数学学术会议上结识, 在数学研究与艺术创作上多有合作, 相得益彰, 传为佳话. 我们这里只讨论用正多边形铺砌平面的相关问题. 有关铺砌理论的深入研究可参见文献 (Grünbaum, et al., 1986).

图 1.1　Escher 的名作《飞马图》

在日常生活中经常会见到单一用正三角形、正方形或正六边形瓷砖铺砌的地面, 无重叠, 无

①tiling 与 tessellation 在数学中同义, 均可译为 "铺砌" 或 "镶嵌", 本书采用 "铺砌" 这一术语.

空隙, 如图 1.2 所示, 抽象地说, 单一用正方形可以铺砌全平面, 无重叠, 无空隙. 正三角形与正六边形也如此. 另一情形是, 可同时使用几种不同正多边形铺砌全平面, 如图 1.3 所示.

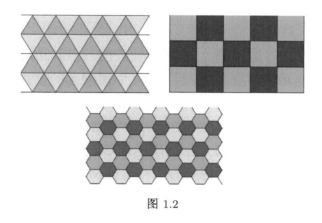

图 1.2

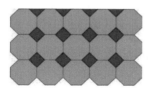

图 1.3

现讨论用正多边形铺砌平面的问题. 首先引入一些基本概念与术语.

铺砌元　用来铺砌全平面的多边形称为铺砌元. 铺砌元铺砌全平面既无重叠也无间隙, 即所谓 "不重不漏".

铺砌的顶点和边 平面铺砌中有限个多边形铺砌元如有公共部分, 即如有非空交, 则非空交或是孤立点, 或是多边形的边. 前者称为铺砌的顶点, 后者称为铺砌的边. 如果若干铺砌元交于同一铺砌顶点, 则称这些铺砌元与该铺砌顶点相关联.

边对边铺砌 若平面铺砌的顶点和边均是铺砌元的顶点和边, 反之, 每个铺砌元的顶点和边也都是铺砌的顶点和边, 则称这样的平面铺砌为边对边铺砌. 易知在边对边铺砌中, 每个铺砌元的边恰好是另一个铺砌元的边. 图 1.4(a) 显示的是由正方形构成的边对边铺砌, 图 1.4(b) 显示的则是由正方形构成的非边对边铺砌.

铺砌的顶点特征 平面铺砌中与铺砌顶点关联的铺砌元 (正多边形) 的边数与邻接顺序构成该铺砌顶点的顶点特征. 若与某个顶点关联的 r 个正多边形的边数依顺时针方向为 $n_1, n_2, \cdots, n_r$, 则该顶点的顶点特征用有序正整数数组 $(n_1, n_2, \cdots, n_r)$ 表示. 例如图 1.2 中显示的三个铺砌其顶点特征依次是 $(3, 3, 3, 3, 3, 3)$, $(4, 4, 4, 4)$, $(6, 6, 6)$, 可依次简记为 (3^6), (4^4), (6^3); 图 1.3 中的铺砌其顶点特征则是 $(4, 8, 8)$, 可简记为 $(4, 8^2)$.

阿基米德铺砌 满足下列条件的铺砌称为阿基米德铺砌, 又称齐次铺砌(homogeneous tiling):

铺砌元均为正多边形; 铺砌是边对边铺砌; 铺砌各顶点的顶点特征相同, 与每个铺砌顶点关联的正多边形内角和均为 360°.

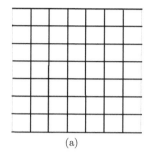(a) 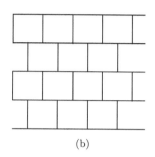(b)

图 1.4

360° 条件   对阿基米德铺砌而言, 其各顶点的顶点特征相同, 所以可用表示铺砌顶点特征的有序数组来表示该铺砌. 平面铺砌中各个铺砌元即正多边形彼此无交叠, 无间隙, 对每个铺砌顶点而言, 与其关联的各多边形对该顶点贡献的内角和是 360°. 设有序正整数数组 $(n_1, n_2, \cdots, n_r)$ 表示一个阿基米德铺砌的顶点特征, 则该数组必满足下述条件:

$$\sum_{i=1}^{r} \left(180° - \frac{360°}{n_i} \right) = 360°,$$

即

$$\sum_{i=1}^{r} \left(\pi - \frac{2\pi}{n_i} \right) = 2\pi.$$

为叙述简便, 称之为 360° 条件. 但满足 360° 条件的有序数组未必是一个铺砌的顶点特征, 例如有序数组 $(3, 7, 42)$ 显然满足 360° 条件, 但不是铺砌的顶点特征, 后面我们会详细论述这个问题.

1.2 阿基米德铺砌的顶点特征

引理 1.1   由正多边形构成的边对边铺砌若各顶点的顶点特征相同, 则与每个铺砌顶点相关联的正多边形的个数只能是 3, 4, 5, 6. 这就是说, 阿基米德铺砌的顶点特征只能是 r 元有序数组, 其中 $r = 3, 4, 5, 6$.

证明   设与每个铺砌顶点相关联的 r 个正多边形分别是正 n_1-边形, 正 n_2-边形, $\cdots$, 正 n_r-边形. 按铺砌的定义, $r \geqslant 3, n_i \geqslant 3(i = 1, 2, \cdots, r)$, 在每个铺砌顶点 r 个关联正多边形内角之和为 2π, 从而

$$\sum_{i=1}^{r}\left(\pi - \frac{2\pi}{n_i}\right) = 2\pi$$

$$\Longrightarrow \frac{2}{n_1} + \frac{2}{n_2} + \cdots + \frac{2}{n_r} = (r-2)$$

$$\Longrightarrow \frac{2r}{3} \geqslant r-2 \Longrightarrow r \leqslant 6,$$

于是 $3 \leqslant r \leqslant 6$. 又因为 r 为正整数, 所以有

$r = 3, 4, 5, 6.$

引理 1.2 设阿基米德铺砌的顶点特征为三元有序数组 (x, y, z), 则

(1) 顶点特征 (x, y, z) 与三个数码的排序无关;

(2) 若 (x, y, z) 中有一个是奇数, 则其余两个数码必为相同偶数.

证明

(1) 设阿基米德铺砌的顶点特征为 (x, y, z). 由图 1.5(a) 可知, 这时 x, y, z 的六种排序均表示同一顶点特征. 由此在有关三元顶点特征 (x, y, z) 的讨论中可设 $x \leqslant y \leqslant z$.

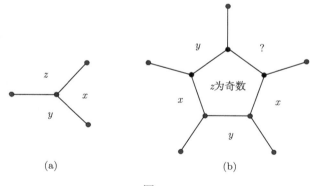

(a)   (b)

图 1.5

(2) 设 z 为奇数, 考虑正 z-边形, 如图 1.5(b) 所示. 由阿基米德铺砌的定义, 正 z-边形的各顶点的特征均为 (x, y, z), 正 z-边形的边界上 x 边

形与 y 边形应交替出现, 而 z 为奇数, 故必有 $x = y$. 下证 $x = y$ 必为偶数. 否则, x, y 均为奇数, 由前面推理知必有 $y = z, z = x$, 从而有 $x = y = z$ 为奇数, 三个全等正多边形的内角和为 $360°$ 之和, 只能是三个正六边形, 顶点特征只能是 $(6, 6, 6)$, 但 z 为奇数, 矛盾. 由此可知 $x = y$ 且均为偶数. □

引理 1.3　设阿基米德铺砌的顶点特征为四元有序数组 (w, x, y, z).

(1) 若 (w, x, y, z) 中恰有两个 3, 则这两个数码 3 不相邻, 且其余两个数码相同.

(2) 若 (w, x, y, z) 中恰有两个 4, 则这两个数码 4 不相邻.

证明　(1) 先用反证法证明 (w, x, y, z) 中的两个数码 3 不相邻. 若这两个 3 相邻, 则如图 1.6(a) 所示, 与铺砌顶点关联的正多边形中恰有两个正三角形, 且这两个正三角形共有一条边, 设共有一条边的两个正三角形为 $\triangle ABC$ 与 $\triangle ACD$, 两者的公共边为 AC. 考虑铺砌顶点 B, 按定义与铺砌顶点 B 关联的正多边形中也应该恰有两个正三角形, 其中必有一正三角形与 $\triangle ABC$ 共有一边 AB 或 BC, 从而与铺砌顶点 A 或 C 关联的正多边形中有三个正三角形, 即 A 或 C 的顶点特征 (w, x, y, z) 中有三个 3, 与假设条件矛盾. 如此证得 (w, x, y, z) 中仅有的两个数码 3 不相邻.

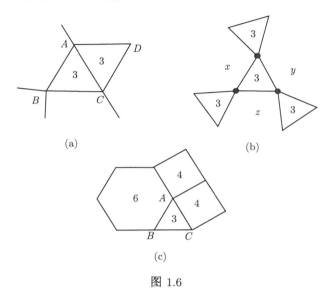

图 1.6

上述结论表明, 与每个铺砌顶点关联的两个正三角形无公共边, 注意到图 1.6(b) 所示用黑点标出的三个铺砌顶点的顶点特征依次是 $(3, x, 3, y)$, $(3, y, 3, z)$, $(3, z, 3, x)$, 由阿基米德铺砌的定义, 这三个有序数组相同, 故必有 $x = y = z$, 即 (w, x, y, z) 中恰有两个不相邻的 3 时, 其余两个数码必相同.

(2) 仍用反证法, 设 (w, x, y, z) 中恰有两个 4, 且这两个 4 相邻, 如图 1.6(c) 所示. 设铺砌顶点 A 的顶点特征为 $(x, y, 4, 4)$, x, y 均不是 4. 则与 A 相邻的铺砌顶点 C 的顶点特征为

$(x, 4, 4, y)$ 即 $(y, x, 4, 4)$, A 与 C 的顶点特征相同, 故 $x = y$, 由 $360°$ 条件, 必有 $x = y = 4$, 与 $(x, y, 4, 4)$ 仅有两个 4 矛盾. □

定理 1.4 存在恰 11 种以正多边形为铺砌元的边对边铺砌, 其中所有顶点具有相同的顶点特征, 即存在恰 11 种不同的阿基米德铺砌:

$(4, 6, 12), (4, 8, 8), (6, 6, 6), (3, 4, 6, 4)$,

$(3, 6, 3, 6), (4, 4, 4, 4)$,

$(3, 3, 3, 4, 4), (3, 3, 4, 3, 4), (3, 3, 3, 3, 6)$,

$(3, 3, 3, 3, 3, 3)$.

证明一 由引理 1.1 知, 首先应就 $r = 3, 4, 5, 6$ 四种情形求出顶点特征 $(n_1, n_2, \cdots, n_r)$, 然后根据求得的顶点特征构作相应的铺砌.

(1) $r = 6$. 顶点特征 $(n_1, n_2, n_3, n_4, n_5, n_6)$: $(3, 3, 3, 3, 3, 3)$.

六个正多边形内角之和为 $360°$, 唯一的配置是六个正多边形均为正三角形.

(2) $r = 5$. 顶点特征 $(n_1, n_2, n_3, n_4, n_5)$: $(3, 3, 3, 4, 4), (3, 3, 4, 3, 4), (3, 3, 3, 3, 6)$.

按 $(n_1, n_2, n_3, n_4, n_5)$ 中所含数码 3 的个数分情况讨论:

(i) 不含数码 3, 即五个数码均大于或等于 4, 则与铺砌顶点关联的 5 个角每个均大于或等于 $90°$, 5 个角之和大于 $360°$, 矛盾.

(ii) 恰含一个数码 3, 即其余四个数码均大于或等于 4, 则与铺砌顶点关联的 5 个角之和大于 360°, 矛盾.

(iii) 恰含两个数码 3, 即其余三个数码均大于或等于 4, 则与铺砌顶点关联的 5 个角之和大于或等于 $2 \cdot 60° + 3 \cdot 90° = 390°$, 矛盾.

(iv) 恰含三个数码 3, 即其余两个数码均大于或等于 4, 这时与铺砌顶点关联的 5 个角中有三个正三角形, 占用角度为 $3 \cdot 60° = 180°$, 剩余 180° 应配置两个正多边形内角, 唯一的方式是配置两个正方形, 从而 $(n_1, n_2, n_3, n_4, n_5)$ 应该由三个 3 与两个 4 构成, 考虑到顶点特征是有序的, 我们得到 $(3, 3, 3, 4, 4)$ 与 $(3, 3, 4, 3, 4)$.

(v) 恰含四个数码 3, 四个三角形占用 240°, 剩余 120°, 正好是正六边形的内角, 由此得到顶点特征 $(3, 3, 3, 3, 6)$, 显然这里数码 6 不论在哪个位置, 按顺时针或逆时针方向顶点特征都不变.

(3) $r = 4$. 顶点特征 (n_1, n_2, n_3, n_4): $(3, 4, 6, 4)$, $(3, 6, 3, 6)$, $(4, 4, 4, 4)$.

(i) 不含数码 3, 即四个数码均大于或等于 4, 唯一的配置是四个关联正多边形均为正方形, 否则四角之和必大于 360°, 如此即得 $(4, 4, 4, 4)$.

(ii) 恰含一个数码 3, 即其余三个数码均大于或等于 4, 如果其中有两个数码大于 4, 即大于或等于 5, 连同数码 3, 共占有至少 $2 \cdot 108° + 60° =$

011

$276°$, 剩余不足 $90°$, 不可能再配置大于或等于 4 的数码. 由此可以推知顶点特征中恰有两个数码 4, 连同恰一个数码 3, 共占有 $2 \cdot 90° + 60° = 240°$, 剩余 $120°$ 正好是一个正六边形的内角, 如此即得顶点特征中含一个 3, 两个 4, 一个 6. 但由引理 1.3 知两个正方形不得相邻, 由此得含一个 3, 两个 4, 一个 6 的顶点特征是 $(3, 4, 6, 4)$.

(iii) 恰含两个数码 3, 由引理 1.3 知两个正三角形不得相邻, 故顶点特征形如 $(3, x, 3, x)$, 两个正三角形铺砌元已占用 $120°$, 剩余 $240°$ 正好可分配给两个正六边形, 由此得到 $(3, 6, 3, 6)$.

(iv) 恰含三个数码 3, 三个正三角形占用 $180°$, 剩余 $180°$ 不可能配置任何正多边形.

(4) $r = 3$. 顶点特征 (n_1, n_2, n_3): $(3, 12, 12)$, $(4, 6, 12), (4, 8, 8), (6, 6, 6)$.

由引理 1.2 知, (n_1, n_2, n_3) 中可设 $n_1 \leqslant n_2 \leqslant n_3$.

(i) 含数码 3, 由引理 1.2, 三数码中含有一个奇数, 其余两个数码相同且必为偶数, 由数码 3 知一个正三角形占有 $60°$, 其余 $300°$ 安置两个边数为偶数的全等正多边形, 只能是两个正十二边形, 如此得顶点特征 $(3, 12, 12)$. 仍由引理 1.2 知, 三个数码中只要有一个是 3, 其余两个数码必为相等偶数, 故不必再考虑恰含两个或三个数码 3 的情形.

(ii) 不含数码 3. 三个数码中至多只含一个数码 4, 因为如果含两个数码 4, 占有 $180°$, 剩余 $180°$ 不可能配置第三个角. 现考虑 $(4, n_2, n_3)$, 注意这里 $4 \leqslant n_2 \leqslant n_3$. 由引理 1.2 知 n_2 不能是奇数. 取 $n_2 = 6$, 正四边形与正六边形占有 $210°$, 剩余 $150°$ 正好是正十二边形的内角, 由此得 $(4, 6, 12)$. 类似推理可得 $(4, 8, 8)$. 若 $n_2 \geqslant 9$ 则 $(4, n_2, n_3)$ 不可能构成顶点特征, 首先由引理 1.2 知 n_2 不能是奇数. n_2 为偶数时, 以 $n_2 = 10$ 为例, 欲 $(4, 10, n_3)$ 构成顶点特征, 应有 $n_3 \geqslant 10$, 即正方形与正十边形后必须添加边数大于或等于十的正多边形, 从而三角之和应大于或等于 $90° + 2 \cdot 144° = 378°$, 矛盾. 显然 $(6, 6, 6)$ 是顶点特征. 利用 $360°$ 条件易知 $n_1 \geqslant 7$ 时 (n_1, n_2, n_3) 不可能是任何铺砌的顶点特征. 至此证得 $r = 3$ 时不含数码 3 的顶点特征是 $(4, 6, 12), (4, 8, 8), (6, 6, 6)$.

对应于 11 种顶点特征的阿基米德铺砌如图 1.2 与图 1.7(Grünbaun et al., 1986) 所示.

证明二 定理 1.4 另一证明的基本思路如下.

对给定的 r 可将 $360°$ 条件

$$\sum_{i=1}^{r} \left(180° - \frac{360°}{n_i} \right) = 360°$$

化简为

$$\frac{1}{n_1} + \frac{1}{n_2} + \cdots + \frac{1}{n_r} = \frac{r-2}{2},$$

这是关于 $n_1, n_2, \cdots, n_r$ 的不定方程, 按 $r = 3,$
$4, 5, 6$ 分情形可列出以下不定方程:

$$\frac{1}{n_1} + \frac{1}{n_2} + \frac{1}{n_3} = \frac{1}{2},$$

$$\frac{1}{n_1} + \frac{1}{n_2} + \frac{1}{n_3} + \frac{1}{n_4} = 1,$$

$$\frac{1}{n_1} + \frac{1}{n_2} + \frac{1}{n_3} + \frac{1}{n_4} + \frac{1}{n_5} = \frac{3}{2},$$

$$\frac{1}{n_1} + \frac{1}{n_2} + \frac{1}{n_3} + \frac{1}{n_4} + \frac{1}{n_5} + \frac{1}{n_6} = 2.$$

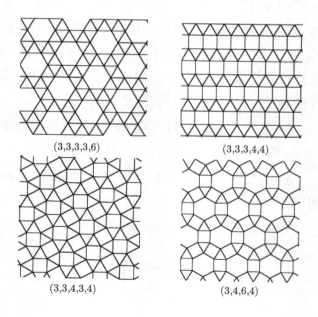

(3,3,3,3,6)

(3,3,3,4,4)

(3,3,4,3,4)

(3,4,6,4)

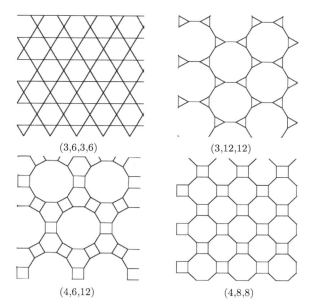

(3,6,3,6)　　　　　　(3,12,12)

(4,6,12)　　　　　　(4,8,8)

图 1.7

这四个不定方程的 21 组正整数解如下：

$(3, 7, 42), (3, 8, 24), (3, 9, 18), (3, 10, 15),$

$(\mathbf{3, 12, 12}),$

$(4, 5, 20), (\mathbf{4, 6, 12}), (\mathbf{4, 8, 8}), (5, 5, 10),$

$(\mathbf{6, 6, 6});$

$(3, 3, 4, 12), (3, 3, 6, 6), (3, 4, 3, 12),$

$(3, 4, 4, 6), (\mathbf{3, 6, 3, 6}), (\mathbf{3, 4, 6, 4}),$

$(\mathbf{4, 4, 4, 4});$

$(\mathbf{3, 3, 3, 3, 6}), (\mathbf{3, 3, 3, 4, 4}), (\mathbf{3, 3, 4, 3, 4});$

$(\mathbf{3, 3, 3, 3, 3, 3}).$

由引理 1.1, 若三元有序数组 (x, y, z) 中有一个是奇数, 其他两个数码必为相等偶数, 故应由 21 个正整数解中剔除不合此条件的三元数组 $(3, 7, 42), (3, 8, 24), (3, 9, 18), (3, 10, 15), (4, 5, 20), (5, 5, 10)$. 由引理 1.2, 若四元有序数组 (w, x, y, z) 中恰有两个 3, 则这两个数码 3 不相邻, 且其余两个数码相同, 故应剔除不合条件的 $(3, 3, 4, 12), (3, 3, 6, 6), (3, 4, 3, 12)$; 又, 若 (w, x, y, z) 中恰有两个 4, 则这两个数码 4 不相邻, 故应删除不合条件的 $(3, 4, 4, 6)$. 其余 11 个有序数组均可构作以其为铺砌顶点特征的阿基米德铺砌 (图 1.7).   □

顺便指出, 由此可见满足 $360°$ 条件的有序数组未必是铺砌的顶点特征.

以上证明一及相关引理的基本思想见文献 (Stover, 1966); 证明二可参见文献 (Grünbaum, 1986).

单一铺砌元铺砌   由定理 1.4 可知, 在十一种阿基米德铺砌中单一铺砌元铺砌只有三种:

$$(3, 3, 3, 3, 3, 3), \quad (4, 4, 4), \quad (6, 6, 6),$$

即构成单一铺砌元铺砌的多边形只有正三角形、正方形、正六边形三种. Justine Uro 给出了这一事实简单明了的独立证明.

证明   设 k 表示单一铺砌元铺砌中与每个

顶点相关联的正多边形的个数, n 表示正多边形的边数, 则由铺砌定义有 $k\left(180°-\dfrac{360°}{n}\right)=360°$, 整理得 $k\left(1-\dfrac{2}{n}\right)=2$, 即有

$$(k-2)(n-2)=4,$$

又由铺砌定义 $k \geqslant 3, n \geqslant 3$ 均为正整数, 因此 $k-2 \geqslant 1, n-2 \geqslant 1$ 且均为正整数, 所以对上式可推知

$$\begin{cases} (k-2)=4 \\ (n-2)=1 \end{cases} \Rightarrow \begin{cases} k=6, \\ n=3, \end{cases}$$

$$\begin{cases} (k-2)=1 \\ (n-2)=4 \end{cases} \Rightarrow \begin{cases} k=3, \\ n=6, \end{cases}$$

$$\begin{cases} (k-2)=2 \\ (n-2)=2 \end{cases} \Rightarrow \begin{cases} k=4, \\ n=4. \end{cases}$$

也就是说单一铺砌元铺砌的铺砌元只能是正三角形、正方形、正六边形. 参见 (Gardner, 1957).

1.3 柏拉图多面体

阿基米德铺砌是边对边铺砌, 各铺砌顶点特征相同, 与每个铺砌顶点关联的正多边形内角和

017

等于 360°. 若将这里的内角和等于 360° 改为小于 360°, 其他条件不变, 相应的正多边形当然就不再可能铺砌全平面, 但可能构成三维空间的多面体.

按定理 1.4 证明二的推理方式, 考虑与铺砌顶点关联的正多边形内角和严格小于 360° 的情形, 这时可得到下列 18 个有序数组, 其中用 n 表示的数码可以是任意不小于 3 的正整数.

三元有序数组:

$$(\mathbf{3, 3, 3}), (3,6,6), (3,8,8), (3,10,10),$$

$$(\mathbf{4,4,n}), (4,6,6), (4,6,8), (4,6,10),$$

$$(\mathbf{5, 5, 5}), (5,6,6).$$

四元有序数组:

$$(\mathbf{3,3,3,n}), (3,4,3,4), (3,4,4,4),$$

$$(3,4,5,4), (3,5,3,5).$$

五元有序数组:

$$(\mathbf{3, 3, 3, 3, 3}), (3,3,3,3,4), (3,3,3,3,5).$$

如图 1.8 所示, 这 18 个有序数组中 $(3,3,3)$, $(3,3,3,3), (3,3,3,3,3), (4,4,4), (5,5,5)$ 是五个由单一类型的多边形构成的多面体, 称为柏拉图

多面体. 确切地说, 符合以下三条件的多面体称为柏拉图多面体:

(1) 多面体的各个面都是单一类型全等正多边形;

(2) 多面体的各个面除公共顶点外仅在公共边相交;

(3) 在多面体的各个顶点处相交的正多边形的个数相同.

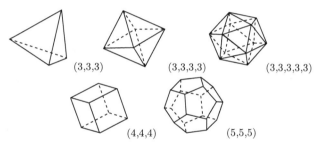

(3,3,3) (3,3,3,3) (3,3,3,3,3)

(4,4,4) (5,5,5)

图 1.8

考古学家发现, 早在新石器时代, 苏格兰人即以这五种多面体为样本雕刻石球作为装饰品.

其余 13 个有序数组

$(3,6,6), (3,8,8), (3,10,10), (4,6,6),$

$(4,6,8), (4,6,10), (5,6,6), (3,4,3,4),$

$(3,4,4,4), (3,4,5,4), (3,5,3,5),$

$(3,3,3,3,4), (3,3,3,3,5)$

构成的 13 个多面体称为阿基米德多面体. 阿基米德多面体与柏拉图多面体的区别仅在于柏拉

图多面体各个面是单一类型的正多边形, 而阿基米德多面体的面由不同类型的正多边形构成. 为行文简便, 我们将以上两类多面体统称为特殊多面体.

对于以上特殊多面体著名的欧拉公式同样适用.

欧拉公式 P 为任一多面体, f 表示其面数, v 表示其顶点数, e 表示其边数, 则有

$$f + v - e = 2.$$

关于特殊多面体还有如下几个命题.

命题 1.5 设多面体的棱数为 e, 在多面体每个面 (多边形) 的内部取一点, 将这一点与该多边形的各个顶点相连接, 则如此构造的三角形的个数等于 $2e$.

证明 按所述构造三角形的方法, 每条棱对应于两个三角形, 因此三角形的个数是 $2e$. □

命题 1.6 设特殊多面体的顶点数为 v, 与每个顶点相关联的正多边形的内角和为 α, 则有

$$v = \frac{4\pi}{(2\pi - \alpha)}.$$

证明 设 e 表示多面体的棱数, 在多面体的每个面的内部任取一点, 并连接该点与其所在的面 (正多边形) 的各顶点. 由命题 1.5 知, 多面体各个面中的三角形个数是 $2e$, 这些三角形的

内角和为 $2e \cdot \pi$, 而多面体中所有面 (正多边形) 的内角和为 $v \cdot \alpha$. 因此有 $2e \cdot \pi - f \cdot 2\pi = v \cdot \alpha$, 从而 $v\alpha = 2\pi (e - f)$, 又由欧拉公式 $f + v - e = 2$, 因而有 $v\alpha = 2\pi (v - 2)$, 即 $v = \dfrac{4\pi}{(2\pi - \alpha)}$. $\square$

命题 1.7   在一个特殊多面体中设 v 表示顶点数, n_i 表示与每个顶点相关联的正 i 边形的个数, 则特殊多面体各个面中正 i 边形的总数 $F_i = \dfrac{v \cdot n_i}{i}$.

证明   因为正 i 边形有 i 个顶点, 将与多面体各顶点关联的正 i-边形个数相加所得结果 $v \cdot n_i$ 中正 i 边形被重复计算了 i 次, 多面体各个面中正 i 边形的个数为

$$F_i = \frac{v \cdot n_i}{i}. \qquad \square$$

命题 1.8   柏拉图多面体有且仅有如下 5 种, 正四面体 (3,3,3)、正六面体 (4,4,4)、正八面体 (3,3,3,3)、正十二面体 (5,5,5)、正二十面体 (3,3,3,3,3).

证明   设 n 表示与多面体的顶点相关联的正多边形的个数, i 表示正多边形的边数, 则由多面体的定义有 $n\left(\pi - \dfrac{2\pi}{i}\right) < 2\pi$, 即 $n\left(1 - \dfrac{2}{i}\right) < 2$,

$$n\left(1 - \frac{2}{i}\right) < 2 \Rightarrow n(i - 2) < 2i$$

$$\Rightarrow n(i-2) - 2i < 0$$

$$\Rightarrow n(i-2) - 2(i-2) < 4$$

$$\Rightarrow (n-2)(i-2) < 4 \qquad (*)$$

又由多面体的定义知 $n \geqslant 3$, $i \geqslant 3$ 均为正整数, 因而 $(n-2) \geqslant 1$, $(i-2) \geqslant 1$ 且均为正整数, 所以不定不等式 $(*)$ 只有下列 3 组正整数解:

(1) $(n-2)(i-2) = 3$;

(2) $(n-2)(i-2) = 2$;

(3) $(n-2)(i-2) = 1$.

由此可得

$$\begin{cases} n = 5, \\ i = 3, \end{cases} \qquad \begin{cases} n = 3, \\ i = 5, \end{cases}$$

$$\begin{cases} n = 4, \\ i = 3, \end{cases} \qquad \begin{cases} n = 3, \\ i = 4, \end{cases}$$

$$\begin{cases} n = 3, \\ i = 3. \end{cases}$$

综上可知正多面体共有 (3,3,3,3,3),(5,5,5), (3,3,3,3),(4,4,4),(3,3,3) 五种. □

这五种正多面体的顶点数和面数可由前述命题计算求得, 如表 1.1 所示.

表 1.1 柏拉图多面体相关数据

柏拉图多面体与展开图	顶点数 v	面数 f	棱数 e	与各顶点关联面数
(3,3,3)	4	4	6	3
(4,4,4)	8	6	12	3
(3,3,3,3)	6	8	12	4
(5,5,5)	20	12	30	3
(3,3,3,3,3)	12	20	30	5

1.4 一般多边形铺砌问题

我们已经完整讨论了单一正多边形铺砌平面的问题, 证明了除正三角形、正方形与正六边形外, 其他边数的正多边形不可能单一地铺砌全平面. 事实上, 如果对多边形去掉"正"的限制, 即不要求多边形各边相等且各内角相等, 则我们的视野会骤然开阔.

若 $n \geqslant 7$, 则任何凸 n 边形均不能铺砌全平面, 见文献 (Niven, 1978).

任意三角形可铺砌全平面　如图 1.9 所示. 任意给定一个三角形, 三个内角 α, β, γ 之和为 180°, 如图以三角形一边的中点为中心旋转该三角形得一平行四边形, 显然这一平行四边形可铺砌全平面, 从而三角形可铺砌全平面.

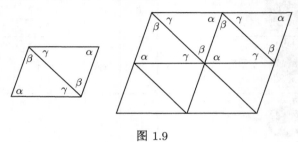

图 1.9

任意凸四边形可铺砌全平面　如图 1.10 所示.

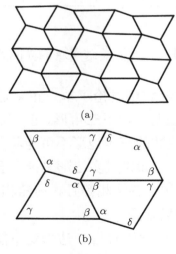

(a)

(b)

图 1.10

任何凸四边形内角和为 360°, 如图 1.10(b) 所示, 以四边形一边的中点为中心将该四边形旋转 180°, 再以另一边的中点为中心旋转 180°, 重复这一步骤, 这样围绕每一个顶点周围的四个角正好是四边形的四个内角, 其和为 360°, 如此进行下去即可知任何凸四边形可铺砌全平面. 事实上, 用一硬纸板随意剪切一个凸四边形即可演示以上步骤.

三种六边形可铺砌全平面 1918 年德国数学家 K. Reinhardt (1895—1941) 证明仅有下列三种凸六边形可以铺砌全平面.

(1) 如图 1.11 所示. 角度: $B + C + D = 360°, A + E + F = 360°$; 边长: $a = d$.

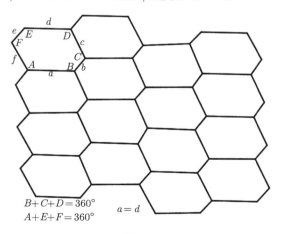

$$B+C+D=360°$$
$$A+E+F=360°$$
$$a=d$$

图 1.11

(2) 如图 1.12 所示. 角度: $A + B + D =$

$360°, C + E + F = 360$；边长：$a = d, c = e$.

(3) 如图 1.13 所示．角度：$A = C = E = 120°, C + E + F = 360°$；边长：$a = b, c = d, e = f$.

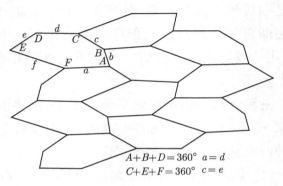

$$A + B + D = 360° \quad a = d$$
$$C + E + F = 360° \quad c = e$$

图 1.12

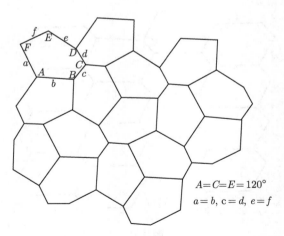

$$A = C = E = 120°$$
$$a = b, \ c = d, \ e = f$$

图 1.13

十五种可铺砌全平面的五边形 剩下值得研究的就是凸五边形. 以凸五边形铺砌凸五边形的有限铺砌问题已有诸多研究, 见文献 (Ding, 2000). 人们一直在关注凸五边形铺砌平面问题 (Bagina, 2004; Rabinowitz, 2005; Schattscheider, 1978; Sugimoto, 2015). 首先我们观察图 1.14, 这个铺砌是以凸五边形为铺砌元的平面铺砌, 其中的五边形酷似房屋的侧面图, 其中有相邻的两个 90° 角, 其和为 180°, 可沿一直线铺砌, 五边形内角和为 540°, 故其他三个角之和为 360°, 铺满一个顶点的周围, 这样的 "五角墙面" 正好不重不漏铺满全平面.

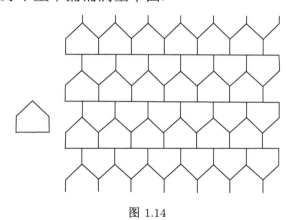

图 1.14

图 1.14 中的铺砌显然不是边对边铺砌, 但按水平方向适当平移铺砌元即凸边形即可得到边对边铺砌.

德国数学家 Karl Reinhardt 首次发现了可以铺砌全平面的五种凸五边形, 自此有关研究持续不断, 也陆续发现了一些可铺砌全平面的凸五边形, 但与人们惯有的设想大相径庭.

近一百年过去了, 截止到 2014 年 7 月, 断断续续发现的可单一铺砌全平面的凸五边形总共只有 14 种: 1918 年 Karl Reinhardt 发现 5 种, 1968 年 R.B.Kershner 发现 3 种, 1975 年 Richard James 发现 1 种, 一位家庭主妇、业余数学爱好者 Marjorie Rice 在 *Scientific American* (科学美国人) 刊物上读到 Richard James 的成果后经刻苦钻研, 1976 年至 1977 年竟添加了 4 种, 1985 年 R.Stein 发现了 1 种. 三十年后, 2015 年 7 月 29 日美国华盛顿大学的 Casey Mann, Jennifer McLoud 与 David Von Derau 利用算法理论并借助计算机发现了可以铺砌平面的第十五种凸五边形, 如图 1.15, 图 1.16 所示. 读者不妨按图 1.15 所示规格用硬纸板剪切若干个 (越多越有趣) Casey Mann 五边形, 然后在桌面上参照图 1.16 用这些硬纸板拼图, 体验一番铺砌的乐趣.

美国数学家 Ed Pegg Jr. 综合 15 种凸五边形单一铺砌平面的完美图形, 读者可通过网络搜索查阅. 也许这是漫长的数学史中一个令人纠结的问题: 到底有多少种五边形能铺满全平面无重叠也无空隙？除了现已发现的 15 种五边形外，是否还有其他能铺砌平面的五边形？如果有，是有限种还是无限种？

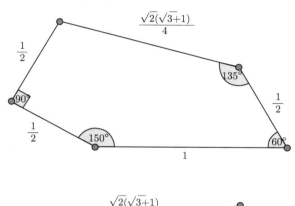

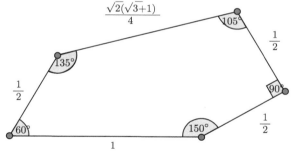

图 1.15　Casey Mann 五边形.

正值本书付印出版之际，国际数学界传来一则重大新闻，法国国家科研中心 (CNRS) 现年 37 岁的青年数学家 Michaël Rao 正式宣布，他的研究已证明，除现已发现的 15 种凸五边形可铺砌平面外，不存在其他可铺砌平面的凸五边形，并已于 2017 年 8 月 1 日正式发布相关论文.

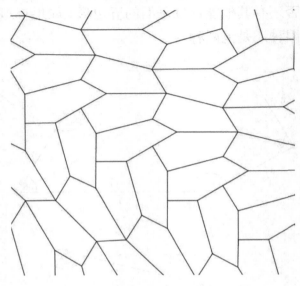

图 1.16 Casey Mann 五边形铺砌图.

2 格点多边形与匹克定理

2.1 格点多边形

在欧氏平面中坐标为整数的点称为格点, 顶点均为格点的多边形称为格点多边形. 各边相等, 各角也相等的多边形叫做正多边形 (边数大于或等于 3). 正方形四个顶点均为格点时显然是格点正四边形, 即格点正方形. 这里值得关注的问题是, 正整数 n 取何值时存在顶点均为格点的等边 n 边形、等角 n 边形或正 n 边形. 有些结论是出人意料的, 例如, 格点正多边形只有一种, 即格点正方形; 又如不存在顶点均为格点的等边八边形, 如此等等. 本节即讨论与此有关的诸多问题, 详见文献 (Scott, 1976) 等一系列论文首先证明一个辅助性的基本事实.

引理 2.1 若 p, q 均为奇数, 则 $p^2 + q^2$ 不能被 4 整除; 若 p, q 均为偶数, 则 $p^2 + q^2$ 必可被 4 整除.

证明 若 p, q 均为奇数, 设 $p = 2m+1$, $q = 2n + 1$, 则有

$$p^2 + q^2 = (2m + 1)^2 + (2n + 1)^2$$
$$= 4m^2 + 4m + 4n^2 + 4n + 2,$$

故 $p^2 + q^2$ 不能被 4 整除.

若 p, q 均为偶数, 设 $p = 2m$, $q = 2n$, 则有

$$p^2 + q^2 = (2m)^2 + (2n)^2$$
$$= 4m^2 + 4n^2.$$

显然 $p^2 + q^2$ 必可被 4 整除.

定理 2.2(P. Scott) 若 n 为奇数, 则不存在等边格点 n 边形.

证明 用反证法. 设 n 为奇数时存在等边格点 n 边形. 设 P 为其中边长最小的等边格点 n 边形, 现以向量表示 P 的 n 条边, 如图 2.1 所示.

$$\boldsymbol{v}_1 = \langle a_1, b_1 \rangle, \; \boldsymbol{v}_2 = \langle a_2, b_2 \rangle, \; \boldsymbol{v}_3$$
$$= \langle a_3, b_3 \rangle, \cdots, \boldsymbol{v}_n = \langle a_n, b_n \rangle,$$

注意, 这里 $\boldsymbol{v}_i = \langle a_i, b_i \rangle (i = 1, 2, \cdots, n)$ 中的 a_i, b_i 是向量 $\boldsymbol{v}_i$ 的分量. 由于 n 个向量首尾相

接形成一个封闭圈, 于是有

$$v_1 + v_2 + v_3 + \cdots + v_n = 0,$$

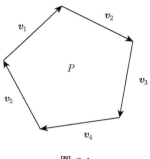

图 2.1

从而有

$$a_1 + a_2 + a_3 + \cdots + a_n = 0, \quad (1)$$

$$b_1 + b_2 + b_3 + \cdots + b_n = 0. \quad (2)$$

设等边格点多边形的边长为 l, 注意 l^2 必为整数, 于是有

$$a_1^2 + b_1^2 = a_2^2 + b_2^2 = \cdots = a_n^2 + b_n^2 = l^2. \quad (3)$$

(1) 式与 (2) 式平方后相加并注意到 (3) 式, 即得

$$\begin{aligned} 0 =& (a_1 + a_2 + a_3 + \cdots + a_n)^2 \\ &+ (b_1 + b_2 + b_3 + \cdots + b_n)^2 \\ =& (a_1^2 + b_1^2) + \cdots + (a_n^2 + b_n^2) \end{aligned}$$

$$+2(a_1a_2 + a_1a_3 + \cdots + a_1a_n$$

$$+ a_2a_3 + a_2a_4 + \cdots + a_2a_n + \cdots + a_{n-1}a_n$$

$$+ b_1b_2 + b_1b_3 + \cdots + b_1b_n$$

$$+ b_2b_3 + b_2b_4 + \cdots + b_2b_n + \cdots + b_{n-1}b_n)$$

$$= nl^2 + 2K,$$

从而 $nl^2 + 2K = 0$, 也就是

$$nl^2 = -2K, \tag{4}$$

其中 $K = a_1a_2 + a_1a_3 + \cdots + a_1a_n + \cdots + b_{n-1}b_n$, $l^2 = a_i^2 + b_i^2$.

因假设 n 为奇数, 由 (4) 式可知 l^2 必为偶数. 又由 (3) 式知, 向量 $\langle a_i, b_i \rangle (i = 1, 2, 3, \cdots, n)$ 的分量 a_i, b_i 同为奇数或同为偶数.

可以断言, l^2 不能被 4 整除. 因为若 l^2 可被 4 整除, 由引理 2.1 知, $\langle a_i, b_i \rangle$ 的分量 a_i, $b_i(i = 1, 2, 3, \cdots, n)$ 均为偶数, 这样一来就会有边长减半的相似格点多边形, 这与 P 为满足条件的边长最小的等边格点 n 边形这一假设矛盾.

由此推知 l^2 必可被 2 整除, 但不能被 4 整除. 于是由引理 2.1 知, $a_i, b_i(i = 1, 2, 3, \cdots, n)$ 均为奇数; 另注意到 K 的表达式中每个 a_ia_j 项对应地有 b_ib_j 项, 均为奇数, 所以 K 是偶数个奇数之和, 故 K 必为偶数, 设 $K = 2r$, r 为

整数, (4) 式可写成 $nl^2 = -4r$. 注意定理条件 n 为奇数, 又 l^2 不可被 4 整除, 显然与 (4) 式 $nl^2 = -4r$ 矛盾. 这样就证明了 n 为奇数时不存在等边格点 n 边形. $\square$

推论 2.3 若存在边数为 n 的格点正多边形, 则 n 必为偶数, 即不存在边数为奇数的格点正多边形.

证明 若存在边数为奇数 n 的格点正多边形, 也就是存在边数为奇数顶点为格点的等边多边形, 与定理 2.2 矛盾. $\square$

定理 2.4 若不可能构作顶点为格点的正 m 边形, 设 $n = km$, 则也不可能构作顶点为格点的正 n 边形.

证明 这时若可构作顶点为格点的正 n 边形, 则这个正 n 边形的顶点集的某个子集也必构成顶点为格点的正 m 边形, 如图 2.2 所示, 矛盾. $\square$

例 假设可以构作格点正六边形如图 2.2 所示, 即存在格点正六边形, 因 $6 = 2 \cdot 3$, 则每隔一个顶点取一顶点, 即可得格点正三角形. 后面我们会证明格点正三角形是不存在的, 因而格点正六边形也不存在.

综合定理 2.2 与定理 2.4 可知, 若 n 含奇数因子, 则不可能构作格点正 n 边形. 试看是否存在顶点个数为 $2^k (k \geqslant 3)$ 的格点正多边形.

定理 2.5 不存在格点正八边形.

$n = 6, m = 3, k = 2$

图 2.2

证明 证明本定理之前先证明一个基本事实. 设由原点出发的两个向量为 (a, b) 与 (c, d), 其中 a, b, c, d 均为整数, 起点、终点为格点的向量称为格点向量 (图 2.3). 这两个格点向量与 x-轴的夹角依次是 θ_2 与 θ_1, 其中 θ_1 是较大的角, 两个格点向量的夹角 θ 称为格点角, 上述格点角的正切值如下:

$$
\begin{aligned}
\tan(\theta_1 - \theta_2) &= \frac{\tan\theta_1 - \tan\theta_2}{1 + \tan\theta_1 \tan\theta_2} \\
&= \frac{d/c - b/a}{1 + db/ac} \\
&= \frac{ad - bc}{ac + bd},
\end{aligned}
$$

上式表明, 任何格点角的正切值必为有理数. 现根据这一事实证明不存在格点正八边形.

考察一个正八边形 (图 2.3), 由正八边形的

036

两条对角线及一个边形成等腰三角形 $\triangle OAB$,
其顶角为 $\dfrac{2\pi}{8}$, 每个底角为 $\dfrac{3\pi}{8}$, 其正切值

$$\tan\left(\frac{3\pi}{8}\right) = 1 + \sqrt{2}$$

不是有理数.

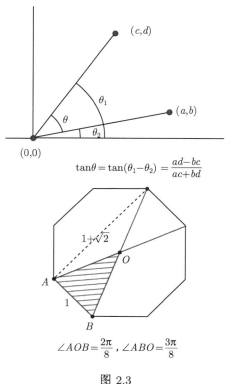

$$\tan\theta = \tan(\theta_1 - \theta_2) = \frac{ad-bc}{ac+bd}$$

$$\angle AOB = \frac{2\pi}{8}, \ \angle ABO = \frac{3\pi}{8}$$

图 2.3

　　如果正八边形的顶点均为格点, 则上述底角
是格点角 (图 2.3), 其正切值应是有理数, 矛盾.

故不存在格点正八边形.　　　　　　　　□

定理 2.6 若正 n 边形的顶点均为格点, 则必有 $n = 4$.

证明 显然存在顶点均为格点的正方形. 只需再证明 $n \neq 4$ 时正 n 边形不可能是格点多边形. 首先证明正三角形不可能是格点多边形. 否则, 设正三角形的顶点均为格点, 其坐标为 (x_1, y_1), (x_2, y_2), (x_3, y_3), 则其面积

$$A = \frac{1}{2} \begin{vmatrix} x_1 & y_1 & 1 \\ x_2 & y_2 & 1 \\ x_3 & y_3 & 1 \end{vmatrix}.$$

显然为有理数. 但另一方面, 设正三角形的边长为 a, 则 $A = \frac{\sqrt{3}}{4}a^2$, 而 $a^2 = (x_1 - x_2)^2 + (y_1 - y_2)^2$ 为整数, 由此 A 为无理数, 矛盾. 如此证得正三角形不可能是格点多边形. 从而根据定理 2.4, 正六边形也不可能是格点多边形.

以下证明 $n \geqslant 5$, $n \neq 6$ 时正 n 边形不可能是格点多边形. 先确认两个简单事实, 参见图 2.4.

(1) 若平行四边形的三个顶点是格点, 则第四个顶点必为格点. 设平行四边形的四个顶点的坐标依次为 (x_1, y_1), (x_2, y_2), (x_3, y_3), (x_4, y_4), 如图 2.4 所示. 由于长度相等的平行线段在坐标轴上的投影长度相同, 从而可得下面两组方程.

给出平行四边形三个顶点的坐标即可利用任一组方程求得第四个顶点的坐标.

$$\begin{cases} x_2 - x_1 = x_3 - x_4, \\ y_2 - y_1 = y_3 - y_4, \end{cases}$$

$$\begin{cases} x_3 - x_2 = x_4 - x_1, \\ y_2 - y_3 = y_1 - y_4. \end{cases}$$

例如, 由两组方程组的任一组均可得: $x_3 = (x_2 - x_1) + x_4$, $y_3 = (y_2 - y_1) + y_4$. 如果平行四边形的三个顶点是格点, 例如, (x_1, y_1), (x_2, y_2), (x_4, y_4) 这三点是格点, 则 $x_1, y_1, x_2, y_2, x_4, y_4$ 均为整数, 从而 x_3, y_3 都是整数, (x_3, y_3) 也是格点.

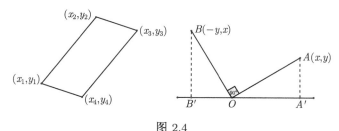

图 2.4

(2) 适当调整坐标平面, 可设两个端点均为格点的线段是 OA, 其中端点 O 为原点, 格点 A 的坐标为 (x, y), x, y 是整数 (图 2.4). 令线段 OA 绕其端点 O 旋转 $90°$ 至 OB, 设 A' 与 B' 分别是 A 与 B 在横轴上的垂足, 则两个直角三角形 OAA' 与 OBB' 全等, 因而 B 的坐标是

$(-y, x)$, 也是格点.

现证明 $n \geqslant 5$, $n \neq 6$ 时正 n 边形不可能是格点多边形. 用反证法, 假设结论不成立, 即存在顶点均为格点的正 n 边形, 设边长最小的格点正 n 边形为 P, 将 P 的每个边作平移, 如图 2.5 所示, 即得出一个边长更小的格点正边形, 矛盾, 从而定理得证. 现以 $n = 5$ 与 $n = 7$ 为例作简要说明. 设图 2.5(a) 中 $ABCDE$ 是边长最小的格点正五边形, ED', AE', BA', CB', DC' 依次是 AB, BC, CD, DE, EA 的平移, 在平行四边形 $EABD'$ 中 E, A, B 均为格点, 故 D' 也是格点, 依此类推, 可知 A', B', C', D', E' 均为格点, 由格点布局的对称性, 易知 $A'B'C'D'E'$ 是一个边长更小的格点正五边形. 事实上, 在平移正五边形各个边的过程中生成了五个等腰三角形, $A'B'$ 的长度等于等腰三角形腰 $A'B$ 的长度 (即格点正多边形 $ABCDE$ 的边长) 减等腰三角形底边 $B'B$ 的长度, 设其为 d, d 小于 $ABCDE$ 的边长. 同理可知 $B'C'$, $C'D'$, $D'E'$, $E'A'$ 的长度均为 d, 由此得到一个格点正五边形 $A'B'C'D'E'$, 其边长 d 小于格点正多边形 $ABCDE$ 的边长, 这一结果与 $ABCDE$ 是边长最小的格点正五边形这一假设矛盾.

类似地, 图 2.5(b) 中展示的是正七边形不可能是格点多边形的证明, 用类似图 2.5(a) 所采用的方法, 由一个假定为边长最小的格点正七边形得出一个边长更小的格点正七边形, 矛盾.

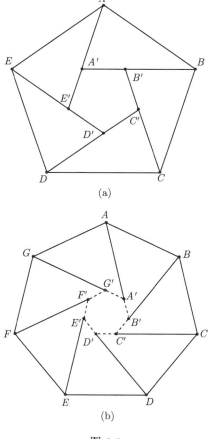

(a)

(b)

图 2.5

如图 2.6 所示, 将正多边形的每个边围绕其一个端点按逆时针方向旋转 90°, 也可由格点正多边形生成边长更小的格点正多边形. 如此也

同样导出矛盾.   □

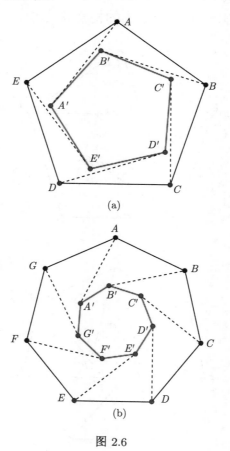

(a)

(b)

图 2.6

类似于讨论格点等边多边形, 我们也可以考虑格点等角多边形, 即各个内角相等的格点多边形. 1982 年 Honsberger 证明了下述结论: 当且仅当 $n = 4$ 或 $n = 8$ 时存在顶点均为格点

的等角 n 边形. 格点矩形就是顶点为格点的等角凸四边形, 格点正方形当然也是等角格点四边形; 图 2.7 中的格点八边形是一个等角格点八边形, 每个内角都是 135°, 边长是 $2, 2\sqrt{2}, 2,$ $2\sqrt{2}, 2, 2\sqrt{2}, 2, 2\sqrt{2}$.

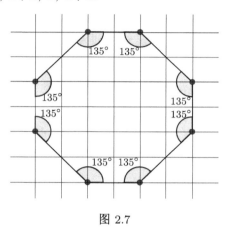

图 2.7

2.2 匹 克 定 理

在欧氏平面中坐标为整数的点称为格点, 顶点均为格点的多边形称为格点多边形. 著名的匹克 (Pick) 定理表述的是格点多边形面积的计算公式, 由 Georg Alexander Pick[1]于 1900 年发

---

[1]Pick, 1859 年生于维也纳, 1943 年故于距离布拉格只有 50 千米之遥的捷克斯洛伐克共和国的特列钦集中营 (Theresienstadt concentration camp).

现, 据称 1969 年, 因 H. Steinhaus 的数学通俗读物《数学万花筒》而广为人知. 该定理由极为简单的条件得出令人称奇的结论, 一直受到广泛关注, 许多论文提出了该定理的各种证明, 对该定理作了各种推广. 近年来已有文献将该公式推广到三维空间, 将该公式与铺砌理论相联系, 为定理的研究提出了崭新的课题.

一个多边形若无空洞, 且除有公共顶点的相邻边外, 多边形其他任何边不相交, 则称该多边形为简单多边形. 图 2.8 中所示多边形均为简单多边形. 匹克定理确立了简单格点多边形的面积与其所含格点个数的精确关系.

定理 2.7(匹克定理) 设 P 为简单格点多边形, 则 P 的面积

$$A(P) = \frac{b(P)}{2} + i(P) - 1. \tag{5}$$

其中 $b(P)$ 是 P 的边界格点个数, $i(P)$ 是 P 的内部格点个数.

容易验证图 2.8 中三个格点多边形的面积 A 分别为 4, 5.5, 7, 匹克定理成立.

匹克定理并不要求多边形为凸多边形. 图 2.8 中的格点多边形就不都是凸多边形.

为陈述方便, 表述匹克定理的公式也称为匹克公式. 下面讨论匹克定理的多种证明. 附带指出, 这里讨论的简单格点多边形不含所谓空洞,

对含空洞的情形我们要专设一节讨论.

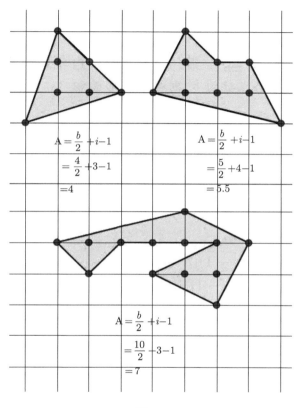

$$A = \frac{b}{2} + i - 1$$
$$= \frac{4}{2} + 3 - 1$$
$$= 4$$

$$A = \frac{b}{2} + i - 1$$
$$= \frac{5}{2} + 4 - 1$$
$$= 5.5$$

$$A = \frac{b}{2} + i - 1$$
$$= \frac{10}{2} + 3 - 1$$
$$= 7$$

图 2.8

2.3 匹克定理的归纳法证明

匹克定理对格点矩形成立是显然的. 由此出发依次证明对直角边平行于坐标轴的格点直

角三角形及一般格点三角形命题成立, 在此基础上最后用数学归纳法证明定理对一般的简单格点多边形成立.

引理 2.8 若一个格点矩形内部格点数为 i, 边界格点数为 b, 则格点矩形面积

$$A = \frac{b}{2} + i - 1.$$

证明 不妨考虑两边平行于坐标轴的格点矩形 $BCDE$ (图 2.9). 设矩形的长和宽分别为 m 和 n, 则

$$A = mn,$$
$$i = (m-1)(n-1),$$
$$b = 2(m+1) + 2(n-1) = 2(m+n).$$

从而有

$$i + \frac{b}{2} - 1 = (m-1)(n-1) + (m+n) - 1$$
$$= mn = A. \qquad \square$$

引理 2.9 若一个格点三角形内部格点数为 i, 边界格点数为 b, 则格点三角形面积

$$A = \frac{b}{2} + i - 1.$$

证明 对于一般格点三角形, 用过该格点三角形顶点的水平直线与竖直直线可构作边平行于坐标轴且包含该格点三角形的最小矩形 BC

DE, 设其两边长度 $|ED| = m$, $|DC| = n$. 以下分四种情况证明.

(1) **格点三角形为直角三角形, 两直角边分别与两坐标轴平行**, 如图 2.9中的 $\triangle EBC$ 和 $\triangle CDE$. 往证 $A = \dfrac{b}{2} + i - 1$.

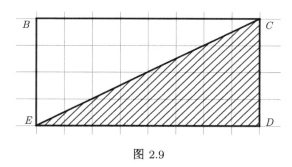

图 2.9

容易看出, $\triangle EBC$ 和 $\triangle CDE$ 具有相同的面积 A, 相同的内部格点数 i 和相同的边界格点数 b. 设 r 表示落在矩形对角线 CE 内部 (不含线段 CE 两端点) 的格点数. 不失一般性, 现考虑 $\triangle CDE$, 则

$$i = \frac{(m-1)(n-1) - r}{2},$$
$$b = m + 1 + n + r,$$
$$A = \frac{mn}{2}.$$

于是

$$i + \frac{b}{2}$$

$$=\frac{(m-1)(n-1)-r}{2}+\frac{m+n+1+r}{2}$$
$$=\frac{mn}{2}+1$$
$$=A+1.$$

即

$$A=\frac{b}{2}+i-1.$$

这表明匹克公式对直角边平行于坐标轴的格点直角三角形成立.

(2) **格点三角形 P 的一条边与包含 P 的最小格点矩形的一边重合**, 如图 2.10 所示. 往证匹克公式成立.

证明一 设矩形的宽与高分别为 m,n, 其面积为 $A_0=mn$, 边界格点个数为 $b_0=2(m+n)$, 内部格点个数为 $i_0=(m-1)(n-1)$. 这时格点矩形被划分为三个格点三角形 P,P_1,P_2, 设三个格点三角形的面积依次为 A,A_1,A_2, 内部格点个数依次为 i,i_1,i_2, 边界格点个数依次为 b,b_1,b_2.

我们有以下等式:

$$A=A_0-A_1-A_2, \tag{6}$$

$$b_0+b=b_1+b_2+2m, \tag{7}$$

$$i_0=i+i_1+i_2+b-(m+2). \tag{8}$$

(6) 式显然成立. 现证 (7) 式. 注意图 2.10 (a), 将矩形 $BCDE$ 的 b_0 个边界格点与 P 的 b

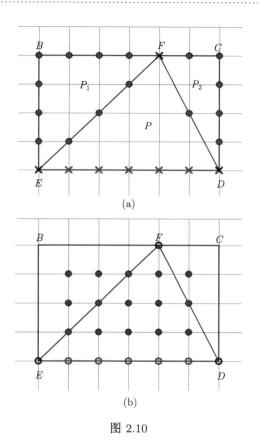

(a)

(b)

图 2.10

个边界格点合并, 这样共有 $b + b_0$ 个格点, 其中底边 ED 中的 $m + 1$ 个格点均被计及 2 次, 矩形与 P 的公共点 F 点也被计及 2 次, 均以 × 标出. 现删除 ED 内部的重复计及的 $m - 1$ 个格点, 共计删除 $2(m - 1)$ 个格点; 重复计及的点 E, D 中删除 E, D 各一个, 保留 E, D 各一个,即删除 2 点, 这样总共删除 $2(m-1)+2=2m$ 个格点, 保留重复计及的格点 F. 这样余下的格点共 $b+b_0-2m$ 个, 正好就是 P_1 与 P_2 的边界格点总数, 其中 P_1 与 P_2 的公共格点 F 仍被计及 2 次. 由此得到

$$b_0 + b - 2m = b_1 + b_2,$$

从而得到 (7) 式.

现证 (8) 式. 注意图 2.10(b), 矩形 $BCDE$ 的 i_0 个内部格点由四部分组成: P 的 i 个内部格点, P_1 的 i_1 个内部格点; P_2 的 i_2 个内部格点, P 的边界格点中删除 F 及底边 ED 上所有的格点 (以 "○" 标出) 后余下的 $b-(m+1)-1$ 个边界格点. 由此即得 (8) 式

$$i_0 = i + i_1 + i_2 + b - (m+2).$$

由 (6)—(8) 式有

$$
\begin{aligned}
A &= A_0 - A_1 - A_2 \\
&= \left(\frac{b_0}{2} + i_0 - 1\right) - \left(\frac{b_1}{2} + i_1 - 1\right) \\
&\quad - \left(\frac{b_2}{2} + i_2 - 1\right) \\
&= \frac{b_0 - b_1 - b_2}{2} + (i_0 - i_1 - i_2) + 1 \\
&= \frac{-b + 2m}{2} + i + b - (m+2) + 1
\end{aligned}
$$

$$= \frac{b}{2} + i - 1.$$

证明二　如图 2.11 所示, 设线段 EF 与 FD 除端点外的内部格点数依次为 d_1, d_2,

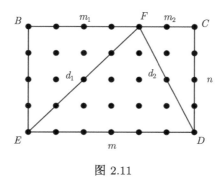

图 2.11

则格点 $\triangle EFD$ 的面积 $A = mn/2$, 边界格点数 b 为

$$b = m + 1 + d_1 + d_2 + 1 = m + d_1 + d_2 + 2,$$

矩形 $BCDE$ 的 $(m-1)(n-1)$ 个内部格点由以下几部分构成:

$\triangle EFD$ 的 i 个内部格点,

$\triangle BEF$ 的 $\dfrac{(n-1)(m_1-1) - d_1}{2}$ 个内部格点,

$\triangle CDF$ 的 $\dfrac{(n-1)(m_2-1) - d_2}{2}$ 内部格点

及线段 EF 的 d_1 个内部格点与 FD 的 d_2 个内部格点.

据此可得

$$i =(m-1)(n-1)-(d_1+d_2)$$
$$-\frac{(n-1)(m_1-1)-d_1}{2}-\frac{(n-1)(m_2-1)-d_2}{2}$$
$$=(m-1)(n-1)-(d_1+d_2)$$
$$-\frac{(n-1)(m_1-1)+(n-1)(m_2-1)-(d_1+d_2)}{2}$$
$$=(m-1)(n-1)-(d_1+d_2)$$
$$-\frac{(n-1)(m_1+m_2-2)-(d_1+d_2)}{2}$$
$$=(m-1)(n-1)-(d_1+d_2)$$
$$-\frac{(n-1)(m-2)-(d_1+d_2)}{2}$$
$$=\frac{mn-m}{2}-\frac{d_1+d_2}{2},$$

将以上求得的 b, i 代入即得

$$\frac{b}{2}+i-1$$
$$=\frac{m+d_1+d_2+2}{2}+\frac{mn-m}{2}$$
$$-\frac{d_1+d_2}{2}-1$$
$$=\frac{mn}{2}$$
$$=A.$$

(3) 格点三角形 P 恰有一个顶点与包含 P

的矩形的一顶点重合，其余两个顶点分别在矩形的两条边上. 如图 2.12 所示，往证匹克公式成立.

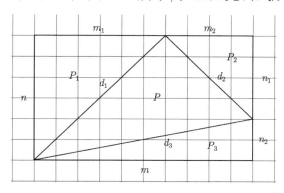

图 2.12

证明一 如图 2.12 所示，如此得三个格点直角三角形 P_1, P_2, P_3. 这时格点矩形被划分为四个格点三角形 P, P_1, P_2, P_3，设矩形的宽与高分别为 m, n，则其面积为 mn，边界格点个数为 $2(m+n)$，内部格点个数为 $(m-1)(n-1)$. 设四个格点三角形的面积依次为 A, A_1, A_2, A_3 内部格点个数依次为 i, i_1, i_2, i_3，边界格点个数依次为 b, b_1, b_2, b_3，仿前述讨论 (图 2.12) 可得以下等式：

$A + A_1 + A_2 + A_3 = mn$,

$b + b_1 + b_2 + b_3 - 2b = 2(m+n) \Rightarrow b_1 + b_2 + b_3 = b + 2(m+n)$,

$i + i_1 + i_2 + i_3 + b - 3 = (m-1)(n-1) \Rightarrow i_1 + i_2 + i_3 = (m-1)(n-1) - b - i + 3$.

由此得到

$$A = mn - (A_1 + A_2 + A_3)$$
$$= mn - \left(\frac{b_1 + b_2 + b_3}{2} + i_1 + i_2 + i_3 - 3 \right)$$
$$= mn - \left(mn - \frac{b}{2} - i + 1 \right)$$
$$= \frac{b}{2} + i - 1,$$

即 $A = \dfrac{b}{2} + i - 1.$

证明二 另设矩形的边界格点数与内部格点数为 b_0, i_0, 注意到重复计数, 可得

$$b_0 = b_1 + b_2 + b_3 - b,$$
$$i_0 = i_1 + i_2 + i_3 + i + (b_1 + b_2 + b_3 - b_0) - 3,$$
$$i_0 = i_1 + i_2 + i_3 + i + b - 3,$$

$$A = A_0 - A_1 - A_2 - A_3$$
$$= i_0 - i_2 - i_3 + \frac{1}{2}(b_0 - b_1 - b_2 - b_3) + 2$$
$$= i + b - 3 - \frac{b}{2} + 2$$
$$= i + \frac{b}{2} - 1.$$

证明三 这也是一个不考虑重复计数的证明方法. 如图 2.12 所示, 设包含 P 的最小矩形的宽与高为 m, n, 设 $m_1 + m_2 = m, n_1 + n_2 = n,$

三角形 P 的三边不含端点的格点数为 d_1, d_2, d_3.
易知

$$A(P) = A(BCDE) - A(P_1) - A(P_2) - A(P_3)$$
$$= mn - \frac{m_1 n + m_2 n_1 + m n_2}{2}.$$

以下先求 P 的边界格点数与内部格点数 b, i.

$$b = d_1 + d_2 + d_3 + 3,$$

$$i = (m-1)(n-1) - (d_1 + d_2 + d_3)$$
$$- \frac{(m_1-1)(n-1) - d_1}{2}$$
$$- \frac{(m_2-1)(n_1-1) - d_2}{2}$$
$$- \frac{(m-1)(n_2-1) - d_3}{2}$$
$$= (m-1)(n-1) - \frac{d_1 + d_2 + d_3}{2}$$
$$- \frac{(m_1-1)(n-1)}{2} - \frac{(m_2-1)(n_1-1)}{2}$$
$$- \frac{(m-1)(n_2-1)}{2}$$
$$= (m-1)(n-1) - \frac{d_1 + d_2 + d_3}{2}$$
$$- \frac{m_1 n + m_2 n_1 + m n_2 - 2m - 2n + 3}{2}$$
$$= mn - \frac{d_1 + d_2 + d_3}{2}$$

$$-\frac{m_1 n + m_2 n_1 + m n_2 + 1}{2}.$$

由以上结果得

$$\frac{b}{2} + i = \frac{d_1 + d_2 + d_3 + 3}{2} + mn - \frac{d_1 + d_2 + d_3}{2}$$

$$-\frac{m_1 n + m_2 n_1 + m n_2 + 1}{2}$$

$$= mn - \frac{m_1 n + m_2 n_1 + m n_2}{2} + 1.$$

注意到

$$A(P) = mn - \frac{m_1 n + m_2 n_1 + m n_2}{2},$$

即得 $A(P) = \dfrac{b}{2} + i - 1.$

(4) **格点三角形一边为矩形的对角线，另一顶点为矩形的内部格点**，如图 2.13 中的 $\triangle CEO$.

设 $\triangle CEO$, $\triangle BEC$, $\triangle OEM$, 矩形 $OMDN$, $\triangle ONC$ 的面积分别为 A, A_1, A_2, A_3, A_4, 内部格点数分别为 i, i_1, i_2, i_3, i_4, 边界格点数分别为 b, b_1, b_2, b_3, b_4. 设 $|MD| = x$, $|ND| = y$, 矩形的宽与高分别为 m, n. 注意到一些格点被重复计及, 得

$$A + A_1 + A_2 + A_3 + A_4 = mn, \qquad (9)$$

$$i + i_1 + i_2 + i_3 + i_4 + (b - 2)$$

$$+ (x - 1) + (y - 1)$$

$$= (m - 1)(n - 1), \tag{10}$$

$$b + b_1 + b_2 + b_3 + b_4 - 2b - 2(x+y) = 2(m+n). \tag{11}$$

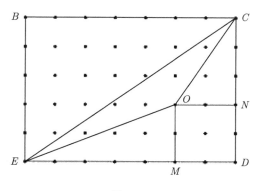

图 2.13

其中 (10) 由以下两个极为直观的等式得

$$b + b_1 + b_2 + b_4 - 2b = 2(m + n),$$

$$b_3 - 2(x + y) = 0.$$

顺次以 $1, -1, -\dfrac{1}{2}$ 乘 (9), (10), (11) 式, 然后相加得

$$\left[A - \left(i + \frac{b}{2} \right) \right] + \left[A_1 - \left(i_1 + \frac{b_1}{2} \right) \right]$$

$$+ \left[A_2 - \left(i_2 + \frac{b_2}{2} \right) \right] + \left[A_3 - \left(i_3 + \frac{b_3}{2} \right) \right]$$

$$+ \left[A_4 - \left(i_4 + \frac{b_4}{2} \right) \right] + 4 = -1.$$

已证公式 (5) 对矩形和直角边平行于坐标轴的直角三角形成立, 故有

$$A - \left(i + \frac{b}{2}\right) = -1.$$

至此证得匹克公式对一般格点三角形成立. □

引理 2.10　若两个简单格点多边形 P_1, P_2 有一段公共边界, 两者合并所成的格点多边形仍为简单格点多边形, 记为 $P = P_1 \cup P_2$, 则 $A(P) = A(P_1) + A(P_2)$, 即匹克面积公式具有可加性.

证明　设 P 的内部格点个数为 i, 边界格点个数为 b, P_1 与 P_2 的内部格点个数依次为 i_1, i_2, 边界格点个数依次为 b_1, b_2, 设 P_1 与 P_2 共有的边界上格点个数为 r (图 2.14), 则 $b = b_1 + b_2 - 2r + 2, i = i_1 + i_2 + r - 2$, 于是, 按匹克公式应有 $A(P) = \frac{b}{2} + i - 1, A(P_1) = \frac{b_1}{2} + i_1 - 1, A(P_2) = \frac{b_2}{2} + i_2 - 1.$

于是有

$$A(P) = \frac{b}{2} + i - 1$$

$$= \frac{b_1 + b_2 - 2r + 2}{2} + (i_1 + i_2 + r - 2) - 1$$

$$= \frac{b_1 + b_2}{2} + (i_1 + i_2) - 2$$

$$= \left(i_1 + \frac{b_1}{2} - 1\right) + \left(i_2 + \frac{b_2}{2} - 1\right)$$

$$= A(P_1) + A(P_2).$$

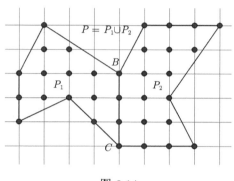

图 2.14

如此证得

$$A(P) = A(P_1) + A(P_2).$$

据此结论, 我们称匹克公式具有可加性.　　□

　　为应用匹克公式的可加性, 我们需要将一个简单格点多边形剖分为两个具有公共边界的格点多边形, 下面这一引理确保我们能做到这一点.

　　引理 2.11　　任何简单多边形必存在两个顶点, 连接这两个顶点的线段完全落在该多边形内部, 即简单多边形必有内部对角线.

上述引理只要求多边形是简单的, 并不要求是格点多边形.

证明一 (Devis) 设 AOB 为简单多边形的一个顶角, 多边形的内部完全落在 AOB 的小于 $180°$ 的一侧, 这时有两种情形: ①AB 完全落在多边形中, 从而连接 AB 的线段即为合条件的内部对角线 (图 2.15(a)); ②AB 不完全落在多边形的内部, 不是内部对角线, 这时 AOB 内部必有多边形的顶点, 过每个这样的顶点作 $\angle AOB$ 的角平分线的垂线, 于是每个这样的顶点有一个对应的垂足, 设点 C 对应的垂足与点 O 距离最小, 连接 O, C, 则 OC 完全落在多边形中, 是合条件的内部对角线 (图 2.15(b)). □

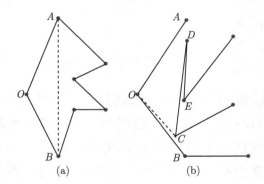

图 2.15

证明二 (Garbett) 仿上一证明, 设 O 为简单多边形 P 的一个顶点, 多边形的所有顶点完

全落在过顶点 O 的水平直线 l 的上方一侧, 设 A 与 B 为多边形 P 的与 O 相邻的两个顶点, 如图 2.16 所示. 我们必须考虑以下三种情形:

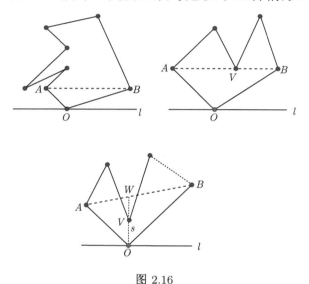

图 2.16

(1) 线段 AB 是 P 的对角线, 即得引理结论.

(2) 线段 AB 中有 P 的一个顶点 V, 在 $\triangle OAB$ 中不存在 P 的顶点, 则 OV 就是 P 的内部对角线.

(3) 在 $\triangle OAB$ 中存在 P 的顶点, 设其为 V, 过 O 与 V 作一线段 s, s 的另一端点是线段 AB 上的一点 W. 若 V 是线段 s 中唯一的 P 的顶点, 则 OV 就是 P 的内部对角线; 否则在线段 s

中取 P 的顶点中与 O 最近的顶点 U, 则 OU 就是 P 的内部对角线. $\qquad\square$

匹克定理的归纳法证明 对简单格点多边形 $P = A_1 A_2 \cdots A_v$ 的顶点个数 v 用数学归纳法证明.

当 $v = 3$ 时, 由引理 2.9, 匹克定理成立.

归纳假设: 当 $v \leqslant k$ 时, 匹克定理成立.

现设 $v = k+1$, 由引理 2.11, 简单格点多边形有一条内部对角线将 P 剖分为两个简单多边形 P_1, P_2 见图 2.14, 两者有公共边 BC. 设 P_1 有 r 个顶点, 则 P_2 有 $k+1-r+2 = k-r+3$ 个顶点, 显然 $r \leqslant k$, $k-r+3 \leqslant k$, 故由归纳假设知

$$A(P_1) = i_1 + \frac{b_1}{2} - 1,$$

$$A(P_2) = i_2 + \frac{b_2}{2} - 1,$$

且 $A(P) = A(P_1) + A(P_2)$, 其中 $i_1 = i(P_1), i_2 = i(P_2), b_1 = b(P_1), b_2 = b(P_2)$.

记对角线 BC 上的格点数为 l, 则

$$i = i_1 + i_2 + l - 2,$$

$$b = b_1 + b_2 - 2l + 2.$$

所以

$$i + \frac{b}{2} - 1$$

$$= i_1 + i_2 + l - 2 + \frac{b_1}{2} + \frac{b_2}{2} - l + 1 - 1$$

$$= \left(i_1 + \frac{b_1}{2} - 1 \right) + \left(i_2 + \frac{b_2}{2} - 1 \right)$$

$$= A(P_1) + A(P_2)$$

$$= A(P).$$

匹克定理成立. □

2.4 匹克定理的加权法证明

设 P 为简单格点多边形, i, b 分别为 P 的内部格点数与边界格点数. 对 P 的每个格点 P_k $(k = 1, 2, \cdots, i + b)$, 定义一个权:

$$\omega_k = \frac{\theta_k}{2\pi} \quad (k = 1, 2, \cdots, i + b).$$

其中 θ_k 是格点 P_k 对 P 张成的可视角, 简称 P_k 对 P 的可视角. 若 P_k 是 P 的内部格点, 则 $\theta_k = 2\pi$, 从而 $\omega_k = 1$; 若 P_k 是 P 的非顶点的边界格点, 则 $\theta_k = \pi$, 从而 $\omega_k = 1/2$; 设 P_k 是 P 的顶点, 若 P 在该顶点张成直角, 则 $\theta_k = \frac{\pi}{2}$, $\omega_k = 1/4$; 若 P 在该顶点处张成的角是 $\frac{\pi}{6}$, 则 $\omega_k = 1/12$, 如此等等. 本节内容可见文献 (Varberg, 1985).

若 P 为简单多边形, P_k $(k = 1, 2, \cdots, i+b)$

为 P 的格点, 定义

$$\omega(P) =: \sum_{P_k \in P} \omega_k.$$

引理 2.12   若格点多边形可剖分为两个格点多边形: $P = P_1 \cup P_2$, 则

$$\omega(P) = \omega(P_1) + \omega(P_2).$$

证明 P 可剖分为 2 个格点多边形, $P = P_1 \cup P_2$, P_k 为 P 的格点, 则

$$\begin{aligned}
\omega(P) &= \sum_{P_k \in P} \omega_k \\
&= \sum_{P_k \in (P_1 \cup P_2)} \omega_k \\
&= \sum_{P_k \in P_1} \omega_k + \sum_{P_k \in P_2} \omega_k \\
&= \omega(P_1) + \omega(P_2). \qquad \square
\end{aligned}$$

这一结论可推广至 $P = P_1 \cup P_2 \cup \cdots \cup P_n$ 的情形, 这时有

$$\omega(P) = \sum_{i=1}^{n} \omega(P_i).$$

引理 2.13 P 为简单格点多边形, 则

$$\omega(P) = A(P).$$

证明

情形 1: P 为边分别平行于坐标轴的格点矩形, 矩形长为 x, 宽为 y. 则 $A(P) = xy$. 注意到这时 P 有 4 个直角顶点, $2[(x-1)+(y-1)]$ 个非顶点边界格点, $(x-1)(y-1)$ 个内部格点. 故

$$\omega(P) = 4 \times 1/4 + 2[(x-1)+(y-1)]$$
$$\times 1/2 + (x-1)(y-1) \times 1$$
$$= xy$$
$$= A(P).$$

情形 2: P 为直角边平行于坐标轴的格点直角三角形, 两直角边长度分别为 x, y; Q 为包含 P 的最小格点矩形, 如图 2.17 所示. 于是有

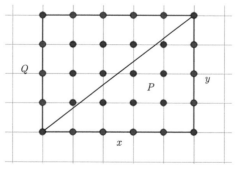

图 2.17

$$A(P) = \frac{xy}{2},$$

$$\omega(P) = \frac{\omega(Q)}{2} = \frac{A(Q)}{2} = \frac{xy}{2},$$

因此 $\omega(P) = A(P)$.

情形 3: P 为一般格点三角形, 这时可将其置于一个以 P 的一边 BD 为对角线的格点矩形中, 如图 2.18 所示, 图中 Q, R, S, T 均为直角边平行于坐标轴的格点直角三角形. 由情形 2 中的结论有

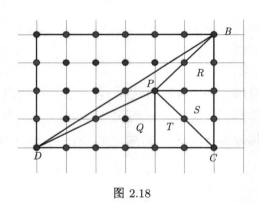

图 2.18

$\omega(\triangle BCD)$

$=\omega(P \cup Q \cup R \cup S \cup T)$

$=\omega(P) + \omega(Q) + \omega(R) + \omega(S) + \omega(T)$

$=\omega(P) + A(Q) + A(R) + A(S) + A(T).$

整理上式得

$$\omega(P)$$

$$=\omega(\triangle BCD) - A(Q) - A(R) - A(S) - A(T)$$

$$=A(\triangle BCD) - A(Q) - A(R) - A(S) - A(T)$$

$$=A(P).$$

易知任何简单格点多边形均可剖分为格点三角形. 由此可知, 对任何简单格点多边形 P, 均有

$$\omega(P) = A(P). \qquad \square$$

匹克定理的加权法证明 令 $V(P)$ 表示 P 的顶点集, v 表示 P 的顶点个数, $P_k\ (k = 1, 2, \cdots, i+b)$ 为 P 的格点, int P 表示 P 的内部, ∂P 表示 P 的边界. 从而对简单格点多边形 P 有

$$
\begin{aligned}
A(P) =& \omega(P) \\
=& \sum_{P_k \in P} \omega_k \\
=& \sum_{P_k \in \mathrm{int}P} \omega_k + \sum_{P_k \in \partial P} \omega_k \\
=& \sum_{P_k \in \mathrm{int}P} \omega_k + \sum_{P_k \in \partial P - V(P)} \omega_k + \sum_{P_k \in V(P)} \omega_k \\
=& i + \frac{1}{2\pi}(b - v)\pi + \frac{1}{2\pi}(v - 2)\pi \\
=& i + \frac{b}{2} - 1. \qquad \square
\end{aligned}
$$

067

2.5 原始三角形与欧拉公式

欧拉公式是几何学中最为优美的结果之一, 本节讨论如何利用图论中的欧拉公式证明匹克定理. 给定平面上若干个顶点, 连接两个顶点的线段称为边, 这些线段除公共端点之外别无交点, 这样就得到一个平面图, 从图中删除顶点与边即得若干个互不相交的区域, 称之为该图的面. 在这样的平面图中以 v 表示顶点数, e 表示边数, f 表示面数, 特别要注意的是, 计算面数时必须计入图外围的无界面, 如图 2.19 中则有 $v = 8, e = 14, f = 8$. 下面这一公式就是著名的欧拉公式. 欧拉公式的严格论述与证明可参阅有关图论的书籍.

欧拉公式 $\quad v - e + f = 2.$

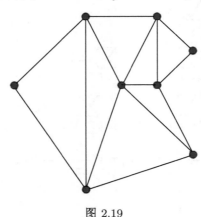

图 2.19

容易验证, 对图 2.19, $v - e + f = 8 - 14 + 8 = 2$, 欧拉公式成立.

称一个格点三角形 P 为原始三角形, 又称本原三角形, 自由三角形 (primitive triangle). 若 $b(P) = 3$, $i(P) = 0$, 即 P 除顶点为格点外, 不含任何其他格点, 当然也不含内部格点.

将一个格点多边形划分为原始三角形, 所得剖分称为多边形的原始三角形剖分. 下面把多边形的仅在端点处可能相交的内部对角线简称为该多边形的 "不交内部对角线".

引理 2.14 任一 v 个顶点的简单格点多边形 P 可被其不交内部对角线剖分为 $v - 2$ 个三角形, 其顶点为 P 的顶点.

证明 对 P 的顶点数 v 用归纳法证明.

当 $v = 3$ 时为平凡情形, 当 $v = 4$ 时简单多边形 P 的一条内部对角线将 P 剖分为 $4 - 2 = 2$ 个三角形, 其顶点为 P 的顶点.

假设 $v \leqslant k(k \geqslant 4)$ 时, 结论成立. 现设 $v = k + 1$. 简单多边形 P 的一条内部对角线 BC 将 P 剖分为两个简单多边形 P_1, P_2, 设两者的公共边为 BC 见图 2.14. 设 P_1 有 r 个顶点, 则 P_2 的顶点数为 $k + 1 - r + 2 = k - r + 3$, 显然 $r \leqslant k$, $k - r + 3 \leqslant k$, 由归纳假设知 P_1, P_2 可分别被其不交的内部对角线剖分为 $r - 2$ 个

069

三角形,$k-r+3-2$ 个三角形, 其顶点分别为 P_1,P_2 的顶点, 而 P_1,P_2 的顶点均为 P 的顶点, P_1,P_2 的不交内部对角线均为 P 的不交内部对角线, 从而 P 可被其不交的内部对角线剖分为 $r-2+k-r+3-2=(k+1)-2=v-2$ 个三角形, 其顶点为 P 的顶点. □

引理 2.15 任何格点三角形必可剖分为原始三角形, 即任何格点三角形有原始三角剖分.

证明 设 P 为任一格点三角形. 对 P 的内部格点个数 $i=i(P)$ 用归纳法证明. $i=0$ 时, 即格点三角形无内部格点时, 用连接边界格点的线段即可将 P 剖分为原始三角形, 命题成立.

归纳假设: 当 $i \leqslant k$ 时命题成立. 现设 $i=k+1$. 在 P 的内部任取一个格点, 将该格点与格点三角形 P 的三个顶点连接, 从而将 P 划分为三个小格点三角形. 显然每个小格点三角形的内部格点的个数都不超过 k, 由归纳假设知, 每个小格点三角形都可剖分为原始三角形, 如此即得 P 的原始三角剖分. □

引理 2.16 任何简单格点多边形必可剖分为原始三角形, 即任何简单格点多边形有原始三角剖分.

证明 由引理 2.14 知, 任何简单格点多边形 P 必可剖分为以 P 的顶点为顶点的格点三角形. 又由引理 2.15 知, 任何格点三角形必可

剖分为原始三角形, 从而简单格点多边形 P 可剖分为自由格点三角形, 即任何简单格点多边形有原始三角剖分. □

引理 2.17 任何简单格点多边形的原始三角剖分中, 原始三角形的个数

$$n = 2i + b - 2.$$

证明 将简单格点多边形 P 的原始三角剖分看成一个平面图, 图的顶点即 P 的内部格点与边界格点. 设该平面图的顶点数为 v, 边数为 e, 面数为 f, 则 $v = i + b$. 平面图的 f 个面中有一个是外部面 (无界面), 不是原始三角形, 故剖分中原始三角形的个数为 $n = f - 1$. 每个原始三角形恰含平面图的 3 个边, 注意到除多边形 P 边界上 b 个格点确定的 b 个边外, 原始三角形的其他边均为两个原始三角形所共有, 于是边数 $3(f-1)+b$ 是对原始三角形每个边即平面图每个边重复计数的结果 (图 2.20), 故有

$$3(f - 1) + b = 2e. \tag{12}$$

将 $v = i + b$ 代入欧拉公式 $e = v + f - 2$ 得

$$e = i + b + f - 2. \tag{13}$$

将 (13) 式代入 (12) 式得 $f = 2i + b - 1$, 故原始三角形的个数

$$n = f - 1 = 2i + b - 2. \quad □$$

071

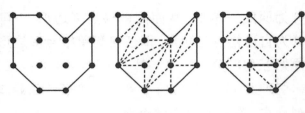

图 2.20

引理 2.18 任何原始三角形的面积等于 $1/2$.

证明一 (Andy C.F. Liu) 设 $\triangle CEF$ 为原始三角形, 除三个顶点 C, E, F 外, 其边界与内部不含其他格点, 作包含 $\triangle CEF$ 的最小格点矩形 $CBED$, 矩形的每条边必过 $\triangle CEF$ 的一个顶点. $\triangle CEF$ 必有一边, 如图 2.21 中的 CE, 是矩形的对角线, 否则如图 2.21(a) 所示, $\triangle CEF$ 内部必含有格点, 与原始三角形的假设矛盾.

现作 FH 垂直于 ED, FG 垂直于 CD, 设线段长度 $|ED| = m$, $|HD| = r$, $|CD| = n$, $|GD| = s$, 注意 m, n, r, s 均为正整数. 设 $i(*)$ 表示多边形 $*$ 的内部格点个数, 则有

$$i(BCDE) = (m-1)(n-1),$$

$$i(CED) = (m-1)(n-1)/2,$$

$$i(CFG) = (r-1)(n-s-1)/2,$$

$$i(FEH) = (s-1)(m-r-1)/2,$$

$$i(GFHD) = (r-1)(s-1).$$

注意到 CEF 不含内部格点, 再注意到矩形 $DGFH$ 的内部格点数是 $(r-1)(s-1)$, 其边 FG 与边 FH 上的格点总数是 $(r-1)+(s-1)+1$, 故

$$i(CED) - i(CFG) - i(FEH)$$

$$= (r-1)(s-1) + (r-1) + (s-1) + 1$$

$$= rs. \tag{14}$$

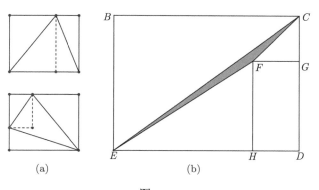

图 2.21

另一方面

$$i(CED) - i(CFG) - i(FEH)$$

$$= \frac{(m-1)(n-1)}{2} - \frac{(r-1)(n-s-1)}{2}$$

$$- \frac{(s-1)(m-r-1)}{2}$$

$$=\frac{mn + 2rs - nr - ms - 1}{2}. \tag{15}$$

综合 (14) 与 (15) 式得

$$\frac{mn + 2rs - nr - ms - 1}{2}$$

$$=rs \Longrightarrow mn - nr - ms = 1. \tag{16}$$

注意 $A(*)$ 表示多边形 $*$ 的面积, 注意到图 2.21, 利用 (16) 式即得

$$A(CEF)$$

$$=A(CED) - A(CFG)$$

$$\quad - A(FEH) - A(GFHD)$$

$$=\frac{mn}{2} - \frac{(n-s)r}{2} - \frac{(m-r)s}{2} - rs$$

$$=\frac{mn - nr - ms}{2}$$

$$=\frac{1}{2}.$$

□

证明二 设原始三角形 T 三个顶点的坐标依次为 (x_1, y_1), (x_2, y_2), (x_3, y_3), 不妨设这些坐标均为正整数, T 的面积为 $A(T)$, 则

$$A(T) = \frac{1}{2} \begin{vmatrix} x_1 & y_1 & 1 \\ x_2 & y_2 & 1 \\ x_3 & y_3 & 1 \end{vmatrix}.$$

显然 $2A(T)$ 为正整数, $2A(T) \geqslant 1$, 故 $A(T)$ $\geqslant 1/2$.

现证 $A(T) = 1/2$.

对给定的原始三角形 T, 作一包含 T 且各边与坐标轴平行的最小格点矩形 R, 如图 2.22 所示, 其中 T 的一条边是 R 的对角线. 由引理 2.17 知矩形 R 的任何原始三角剖分所含原始三角形个数 $n = 2i(R) + b(R) - 2$. 对 R 作一个特殊的如图 2.22(a) 所示的原始三角剖分, 其中每个原始三角形均为两边与坐标轴平行的直角三角形, 面积显然均为 $\dfrac{1}{2}$, 故 R 的面积 $A(R) = \dfrac{n}{2}$. 另将 R 剖分为如图 2.22(c) 所示 n 个原始三角形 $T_1, T_2, \cdots, T_n$, 使得 T 为其中之一, 则

$$A(R) = \sum_{i=1}^{n} A(T_i).$$

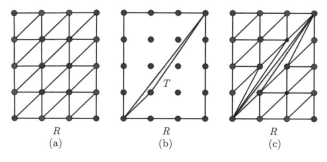

$$
\begin{array}{ccc}
R & R & R \\
\text{(a)} & \text{(b)} & \text{(c)}
\end{array}
$$

图 2.22

前已证明, 任何原始三角形的面积不小于 $\frac{1}{2}$, 故

$$A(T_i) \geqslant \frac{1}{2} \quad (i = 1, 2, \cdots, n).$$

设 $A(T_i) = \frac{1}{2} + s_i$ $(s_i \geqslant 0, i = 1, 2, \cdots, n)$, 于是

$$A(R) = \sum_{i=1}^{n} \left(\frac{1}{2} + s_i \right) = \frac{n}{2} + \sum_{i=1}^{n} s_i.$$

由于 $A(R) = \frac{n}{2}$, 从而 $\sum_{i=1}^{n} s_i = 0$, 因此 $s_i = 0(i = 1, 2, \cdots, n)$. 故对每一个 $i \in \{1, 2, \cdots, n\}$

$$A(T_i) = \frac{1}{2}.$$

因 T 为某个 T_i, 故有 $A(T) = \frac{1}{2}$, 即任何原始三角形的面积均为 $\frac{1}{2}$. □

匹克定理的原始三角形证明 由引理 2.17 与引理 2.18 知, 任给的简单格点多边形 P 可剖分为 $n = 2i + b - 2$ 个原始三角形, 每个原始三角形的面积均为 $\frac{1}{2}$, 从而有

$$A(P) = \frac{n}{2} = i + \frac{b}{2} - 1.$$ □

2.6 Farey 序列与原始三角形面积

原始三角形面积为 $\dfrac{1}{2}$ 这一关键命题还可以利用 Farey 序列的性质得到证明.

由 0 与 1 之间的所有分母最大值为 n 的不可约分数构成的递增序列称为 n 阶 Farey 序列, 记为 F_n. 在 Farey 序列中约定 0 以分数 $\dfrac{0}{1}$ 表示, 1 以 $\dfrac{1}{1}$ 表示.

以下列举的是 1 阶至 6 阶 Farey 序列:

$$F_1 = \left\{ \frac{0}{1}, \frac{1}{1} \right\}$$

$$F_2 = \left\{ \frac{0}{1}, \frac{1}{2}, \frac{1}{1} \right\}$$

$$F_3 = \left\{ \frac{0}{1}, \frac{1}{3}, \frac{1}{2}, \frac{2}{3}, \frac{1}{1} \right\}$$

$$F_4 = \left\{ \frac{0}{1}, \frac{1}{4}, \frac{1}{3}, \frac{1}{2}, \frac{2}{3}, \frac{3}{4}, \frac{1}{1} \right\}$$

$$F_5 = \left\{ \frac{0}{1}, \frac{1}{5}, \frac{1}{4}, \frac{1}{3}, \frac{2}{5}, \frac{1}{2}, \frac{3}{5}, \frac{2}{3}, \frac{3}{4}, \frac{4}{5}, \frac{1}{1} \right\}$$

$$F_6 = \left\{ \frac{0}{1}, \frac{1}{6}, \frac{1}{5}, \frac{1}{4}, \frac{1}{3}, \frac{2}{5}, \frac{1}{2}, \frac{3}{5}, \frac{2}{3}, \frac{3}{4}, \frac{4}{5}, \frac{5}{6}, \frac{1}{1} \right\}$$

由以上数值表容易验证, Farey 序列有下列几条有趣的性质:

1. $F_1 \subset F_2 \subset F_3 \subset \cdots \subset F_n \subset F_{n+1} \subset \cdots$,
即 F_{n+1} 中的项 (不可约真分数) 必包含 F_n 中的项;

2. 相邻项的分母互素;

3. 若 $\dfrac{a}{b} < \dfrac{e}{f} < \dfrac{c}{d}$ 为 Farey 序列中任意三个相邻项, 则居中项

$$\frac{e}{f} = \frac{a+c}{b+d};$$

4. 若 $\dfrac{a}{b} < \dfrac{c}{d}$ 为 Farey 序列 F_n 中的一对相邻项, 则必有 $bc - ad = 1$.

由此我们可以由 n 阶 Farey 序列 F_n 构作 $n+1$ 阶序列 F_{n+1}, 方法如下:

设 F_n 中的相邻两项为

$$\frac{a}{b} < \frac{c}{d},$$

若 $b + d = n + 1$, 则在 $\dfrac{a}{b}$ 与 $\dfrac{c}{d}$ 之间插入 $\dfrac{a+c}{b+d}$;
否则, 若 $b + d > n + 1$, 则保留 $\dfrac{a}{b}$ 与 $\dfrac{c}{d}$, 不添加新项, 如此即得 F_{n+1}. 现举例说明如下:

由 $F_1 = \left\{\dfrac{0}{1}, \dfrac{1}{1}\right\}$ 构作 F_2:

F_1 仅有相邻的 2 项, $\dfrac{0}{1} < \dfrac{1}{1}$, 且 $1 + 1 = 2$, 故保留 F_1 原有两项, 在 $\dfrac{0}{1}$ 与 $\dfrac{1}{1}$ 之间插入 $\dfrac{1}{2}$, 如

此即得 $F_2 = \left\{ \dfrac{0}{1}, \dfrac{1}{2}, \dfrac{1}{1} \right\}$.

由 $F_4 = \left\{ \dfrac{0}{1}, \dfrac{1}{4}, \dfrac{1}{3}, \dfrac{1}{2}, \dfrac{2}{3}, \dfrac{3}{4}, \dfrac{1}{1} \right\}$ 构作 F_5:

在不删除 F_4 中任何项的前提下, 考虑添加新项. 这里只考虑分母之和为 5 的相邻两项, 在这样的两项之间插入新项即居中项, 按此规则

$\dfrac{0}{1}$ 与 $\dfrac{1}{4}$ 之间插入 $\dfrac{1}{5}$; $\dfrac{1}{3}$ 与 $\dfrac{1}{2}$ 之间插入 $\dfrac{2}{5}$; $\dfrac{1}{2}$ 与 $\dfrac{2}{3}$ 之间插入 $\dfrac{3}{5}$; $\dfrac{3}{4}$ 与 $\dfrac{1}{1}$ 之间插入 $\dfrac{4}{5}$.

如此即得 $F_5 = \left\{ \dfrac{0}{1}, \dfrac{1}{5}, \dfrac{1}{4}, \dfrac{1}{3}, \dfrac{2}{5}, \dfrac{1}{2}, \dfrac{3}{5}, \dfrac{2}{3}, \dfrac{3}{4}, \dfrac{4}{5}, \dfrac{1}{1} \right\}$.

图 2.23 中格点坐标 (x, y) 对应于 Farey 序

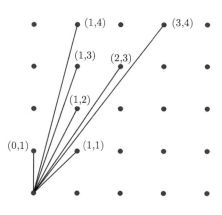

图 2.23

列中的不可约分数 $\dfrac{x}{y}$, 从而 x, y 互质, 连接格点 $(0, 0)$ 与格点 (x, y) 的线段不含其他格点. 可以证明, 若 $\dfrac{a}{b}$ 与 $\dfrac{c}{d}$ 为 Farey 序列中的相邻两项, 且 $\dfrac{a}{b} < \dfrac{c}{d}$, 则有 $bc - ad = 1$.

设格点三角形的的三个顶点为原点 $(0,0)$ 及 $(x_1, y_1), (x_2, y_2)$, 且 $\dfrac{x_1}{y_1}$ 与 $\dfrac{x_2}{y_2}$ 是 Farey 序列中的相邻两项, 则称格点三角形为 Farey 三角形. 由图 2.23 可以看出, n 阶 Farey 序列的每一项确定由原点出发的射线共计 $|F_n|$ 条, 相邻线段确定 $|F_n| - 1$ 个 Farey 三角形. 由 Farey 序列的上述性质可知 $x_1 y_2 - y_1 x_2 = 1$, 从而 Farey 三角形的面积为

$$A = \frac{1}{2} \begin{vmatrix} 0 & 0 & 1 \\ x_1 & y_1 & 1 \\ x_2 & y_2 & 1 \end{vmatrix} = \frac{1}{2} \begin{vmatrix} x_1 & y_1 \\ x_2 & y_2 \end{vmatrix} = \frac{1}{2}.$$

任何原始三角形必可经平移成为一个 Farey 三角形, 从而证得任何原始三角形的面积为 $\dfrac{1}{2}$.

对 Farey 序列的问题感兴趣的读者可进一步阅读有关资料, 如文献 (Honsberger, 1998) 中第 5 章 "Farey 序列". 该书作者 Ross Honsberger (1929-2016) 是加拿大数学家, 毕生从事数学教育, 在优化理论、组合数学及数学教育等领域卓有成就, 曾长期为学生与教师开设组合几何讲座. 因撰写了大量数学学科的普及读物在国际上享有盛誉.

附带指出, 1861 年《哲学杂志》发表了英国地质学家 John Farey 的一封有关 Farey 序列的信件. 当时久负盛名的法国数学家柯西 (Cauchy) 读到 Farey 的信件后给出了相关证明, 并将结果归功于 Farey, 确定了 Farey 序列这一命名. 后来发现, 其实早在 1802 年另一位法国数学家 Charles Haros 就已发表了类似结果, 只是不为柯西与 Farey 所知.

081

2.7　含有空洞的格点多边形

以上我们全面论证了只适用于简单格点多边形的面积公式——匹克公式. 现考虑一种非简单格点多边形——具有若干个空洞的格点多边形. 设 P_0 为一简单格点多边形, 称之为起始格点多边形. 现由 P_0 内部删除若干个简单格点多边形, 仅保留其边界, 如此就得到含空洞的格点多边形 P, 如图 2.24 所示. 这些被删除的格点多边形其边界格点也是整个含空洞格点多边形的边界格点.

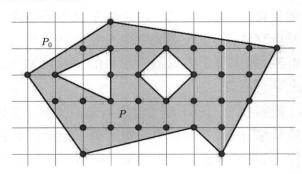

图 2.24 含空洞格点多边形

定理 2.19 设 P 是含 n 个空洞的格点多边形, 其边界格点数与内部格点数为 b 与 i, 则

$$A(P) = i + \frac{b}{2} - 1 + n.$$

证明 设 A_0 表示起始格点多边形 P_0 的面积, P_0 的边界格点数为 b_0, 内部格点数为 i_0, n 个空洞 P_k $(1 \leqslant k \leqslant n)$ 作为格点多边形, 其面积记为 A_k, 边界格点数记为 b_k, 内部格点数记为 i_k, 则含空洞格点多边形的面积

$$A(P) = A_0 - \sum_{k=1}^{n} A_k.$$

因 $A_0 = i_0 + \frac{b_0}{2} - 1$, $A_k = i_k + \frac{b_k}{2} - 1$, 有

$$A = i_0 + \frac{b_0}{2} - 1 - \sum_{k=1}^{n} \left(i_k + \frac{b_k}{2} - 1 \right)$$

$$= i_0 + \frac{b_0}{2} - 1 + n - \sum_{k=1}^{n} \left(i_k + \frac{b_k}{2} \right)$$

注意到将 P 的内部格点与各个空洞的边界格点、内部格点合并即得到初始格点多边形 P_0 的全部内部格点, 即 $i_0 = i + \sum_{k=1}^{n}(i_k + b_k)$; 而 P 的边界格点则由 P_0 的边界格点与各个空洞的边界格点组成, 故有

$$i = i_0 - \sum_{k=1}^{n}(i_k + b_k), \quad b = b_0 + \sum_{k=1}^{n} b_k.$$

于是我们有

$$
\begin{aligned}
A &= i_0 + \frac{b_0}{2} - 1 + n - \sum_{k=1}^{n} \left(i_k + \frac{b_k}{2} \right) \\
&= i_0 + \frac{b_0}{2} - \sum_{k=1}^{n} \left(i_k + \frac{b_k}{2} \right) - 1 + n \\
&= i_0 - \sum_{k=1}^{n}(i_k + b_k) + \frac{1}{2} \left(b_0 + \sum_{k=1}^{n} b_k \right) - 1 + n \\
&= i + \frac{b}{2} - 1 + n. \qquad \qquad \square
\end{aligned}
$$

参照证明步骤与图 2.24, 验证定理 2.19 如下: 包含 P_0 的最小矩形其宽与高为 9 与 5, 其面积为 45, 由矩形面积减去 5 个直角三角形面积得 $A(P_0) = 45 - 15.5 = 29.5$, 由 P_0 的面积减去两个空洞的面积即得 $A(P) = 29.5 - 4 = 25.5$.

图中 P 的边界格点数与内部格点数为 $b = 15$ 与 $i = 17$, 空洞个数 $n = 2$, $A(P) = i + \dfrac{b}{2} - 1 + n = 17 + 7.5 - 1 + 2 = 25.5$.

2.8 平面铺砌与格点多边形面积

到目前为止, 我们论及格点多边形面积时, 格点指的是坐标平面上坐标为整数的点. 这样的格点也可以看成以正方形为铺砌元的阿基米德 $(4, 4, 4, 4)$ 铺砌 (简称为 S 型铺砌) 中的顶点. 为叙述简便, 我们把以正三角形为铺砌元的阿基米德铺砌 $(3, 3, 3, 3, 3, 3)$ 称为 T 型铺砌, 以正六边形为铺砌元的阿基米德铺砌 $(6, 6, 6)$ 称为 H 型铺砌. 约定铺砌元的面积均为单位面积 1. 不同类型铺砌的顶点可看成不同类型的格点. 我们就可以考虑 S 型格点、T 型格点、H 型格点. 以铺砌顶点为顶点的简单多边形可称为 S 型格点多边形、T 型格点多边形、H 型格点多边形.

S 型格点多边形即到目前为止我们所讨论的格点多边形, 其面积以铺砌元 (边长为 1 的正方形) 的面积 1 为计量单位. 匹克定理表明 S 型格点多边形 P 的面积由边界格点数 $b(P)$ 与内部格点数 $i(P)$ 唯一确定.

我们规定, 各种类型格点多边形的面积均以相应的铺砌元的面积为单位面积. 除 S 型格点多边形外, 其他类型格点多边形 P 的面积就不一定能由边界格点数 $b(P)$ 与内部格点数 $i(P)$ 唯一确定.

为研究其他类型格点多边形 P 的面积公式, Ding 与 Reay 于 1986 年提出了一个重要参数——各类铺砌中格点多边形 P 的边界特征 $c(P)$, 参见文献 (Ding et al., 1987). 格点多边形 P 的边界 ∂P 上的每个格点 x 均与铺砌的若干个边相关联, 即格点 x 是这些铺砌边的公共点, 这些铺砌边有三种类型:

(1) 边界铺砌边: 完全落在 P 的边界 ∂P 中;

(2) 外向铺砌边: 在 x 点附近局部向 P 的外部延伸;

(3) 内向铺砌边: 在 x 点附近局部向 P 的内部延伸.

多边形 P 在其边界格点 x 的边界特征 $c(x, P)$ 定义为与边界格点 x 关联的外向铺砌边的个数减与边界格点 x 关联的内向铺砌边的个数, 边界铺砌边不参与计数. P 的边界特征 $c(P)$ 定义如下:

$$c(P) = \sum_{x \in \partial P} c(x, P),$$

即所有边界格点的边界特征之和. 这里如不另行声明, 格点多边形总是指简单格点多边形.

例 2.1 (1) 如图 2.25(a) 所示. 求 T 型格

点多边形的边界特征, 每个格点与 6 个铺砌边关联, 首先按定义逐个求出各个边界格点的边界特征, 然后求出这些边界特征之和:

$$c = 5+2+1+0+0+3+0+0+4-3+0+0 = 12.$$

(2) 如图 2.25(b) 所示. 求 H 型格点多边形边界特征, 每个格点与 3 个铺砌边关联, 同上, 首先按定义逐个求出各个边界格点的边界特征, 然后求出这些边界特征之和:

$$c = 1+3+1-1+1-1+1-1-2+0 = 2.$$

定理 2.20   设 P 为 T 型格点多边形, 即 T 铺砌中的格点多边形, 则恒有 $c(P) = 12$, 且

$$A(P) = b(P) + 2i(P) - 2.$$

例 2.2   图 2.25(a) 给出的是一个 T 型格点三角形, $A(P) = b(P)+2i(P)-2 = 12+30-2 = 40$, 通过图形拼补容易看出格点多边形面积正好是 40 个单位面积正三角形的面积.

定理 2.21   设 P 为 H 型格点多边形, 其边界仅由正六边形的边构成, 则

$$A(P) = \frac{b}{4} + \frac{i}{2} - \frac{1}{2}.$$

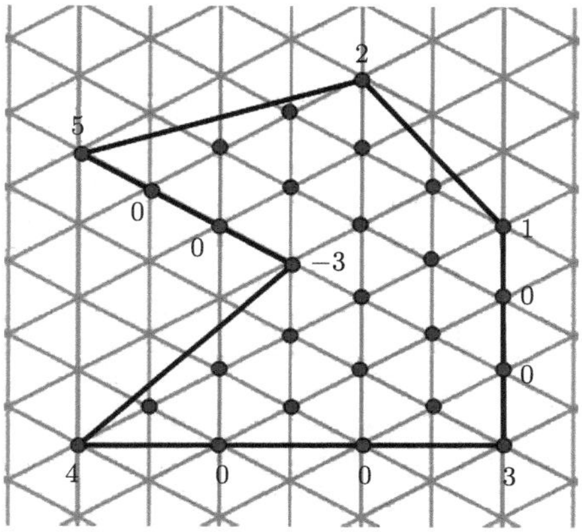

(a)

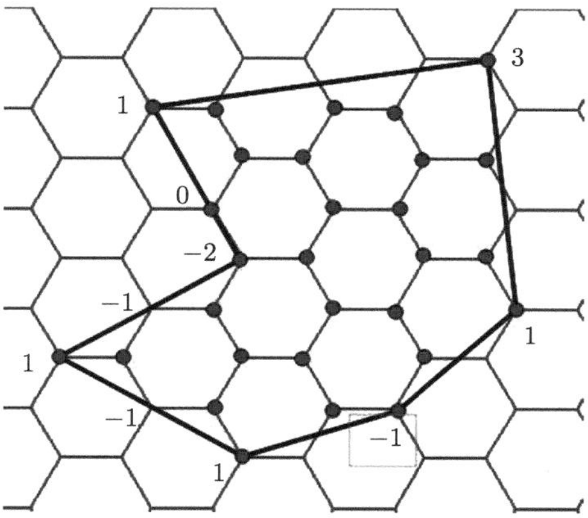

(b)

图 2.25 (a) $c = 12, b = 12, i = 15, A = 40$; (b) $c = 2, b = 10, i = 21, A = 12\frac{1}{6}$

例 2.3 图 2.26 中格点多边形所有的边均为正六边形的边, 由 7 个单位面积的正六边形构

成, $b = 20, i = 5$ 因而可运用公式

$$A = \frac{20}{4} + \frac{5}{2} - \frac{1}{2} = 7,$$

面积也正好是 7.

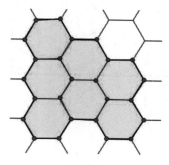

图 2.26

定理 2.22 设 P 为 H 型格点多边形, 其边界由正六边形的边与对角线构成, 则

$$A(P) = \frac{b}{4} + \frac{i}{2} + \frac{c}{12} - 1.$$

例 2.4 考虑图 2.27(a) 中的格点三角形 $XYZ, XZU, XZV,$

$$c(XYZ) = 2 + 1 + 2 = 5, b = 3, i = 0,$$

$$A(XYZ) = \frac{b}{4} + \frac{i}{2} + \frac{c}{12} - 1 = \frac{3}{4} + 0 + \frac{5}{12} - 1 = \frac{1}{6};$$

$$c(XZU) = 3 + 2 + 2 = 7, b = 3, i = 0,$$

$$A(XZU) = \frac{b}{4} + \frac{i}{2} + \frac{c}{12} - 1 = \frac{3}{4} + 0 + \frac{7}{12} - 1 = \frac{1}{3};$$

$$c(XZV) = 3 + 3 + 3 = 9, b = 3, i = 0,$$

$$A(XZV) = \frac{b}{4} + \frac{i}{2} + \frac{c}{12} - 1 = \frac{3}{4} + 0 + \frac{9}{12} - 1 = \frac{1}{2}.$$

在图 2.27(b) 中先考虑格点四边形 $XYZU$, 易知

$$c = 3 + 1 - 1 - 1 + 1 + 1 + 1 + 1 = 6, b = 8, i = 3,$$

$$A(XYZU) = \frac{b}{4} + \frac{i}{2} + \frac{c}{12} - 1 = \frac{8}{4} + \frac{3}{2} + \frac{6}{12} - 1 = 3;$$

再考虑四边形 $TVWS$, 易知 $c = 1 + 0 + 2 + 1 = 4, b = 4, i = 1,$

$$A(TVWS) = \frac{b}{4} + \frac{i}{2} + \frac{c}{12} - 1 = \frac{4}{4} + \frac{1}{2} + \frac{4}{12} - 1 = \frac{5}{6};$$

最后考虑格点多边形 $XYZUVWST$, 注意这不是凸多边形. 其边界特征

$$c = 3 + 1 - 1 - 1 + 1 + 1 - 2 + 2 + 1 - 1$$

$$= 4, b = 10, i = 4,$$

面积

$$A(XYZUVWST) = \frac{b}{4} + \frac{i}{2} + \frac{c}{12} - 1$$

$$= \frac{10}{4} + \frac{4}{2} + \frac{4}{12} - 1 = 3 + \frac{5}{6}.$$

容易看出

$$A(XYZUVWST) = A(XYZU) + A(TVWS),$$

必须指出, 定理 2.22 的面积公式仅适用于边由正六边形的边或对角线构成的 H 型格点多边

形. 试考虑图 2.27(b) 中的格点三角形 XZU,
$c(XZU) = 3 + 1 + 1 + 1 + 1 = 7, b = 5, i = 1$
显然其面积是平行四边形 $XYZU$ 面积的一半
即 1.5, 但如果套用定理 2.22 的面积公式, 则
$A = \dfrac{5}{4} + \dfrac{1}{2} + \dfrac{7}{12} - 1 \neq 1.5$, 公式不适用. □

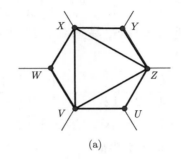

(a)

090

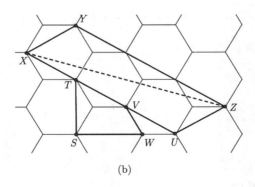

(b)

图 2.27

　　为推广定理 2.22 的结论, 现给出正六边形
铺砌中格点线段的定义如下: 如果连接两个格
点的线段除端点外不含其他格点, 则称之为格点

线段, 参见文献 (Ding et al., 1988). 这里一如既往约定铺砌元正六边形的面积为单位面积 1. 按格点线段的长度由小到大递增顺序排列, 记为 $\{a_1, a_2, a_3, \cdots\}$. 图 2.28 给出了 $a_1, a_2, a_3, a_4, a_5, a_6, a_7, a_8, a_9, a_{10}, a_{11}$ 的图示, 其中 a_1, a_2, a_3 为正六边形的边长, 副对角线长与主对角线长. 注意, 由于正六边形的面积是 1, 故其边长为 $a_1 = \dfrac{\sqrt{2\sqrt{3}}}{3}$. 逐次运用勾股定理易得下列结果.

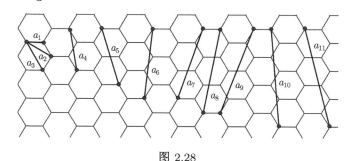

图 2.28

$$a_1 = \frac{\sqrt{2\sqrt{3}}}{3} = 0.620403\cdots,$$

$$a_2 = \sqrt{3}a_1 = \frac{\sqrt{6\sqrt{3}}}{3} = 1.074569\cdots,$$

$$a_3 = 2a_1 = \frac{\sqrt{8\sqrt{3}}}{3} = 1.240806\cdots,$$

$$a_4 = \sqrt{(1.5a_2)^2 + \left(\frac{a_1}{2}\right)^2} = \sqrt{7}a_1$$

$$=\frac{\sqrt{14\sqrt{3}}}{3} = 1.641432\cdots,$$

$$a_5 = \sqrt{(2a_2)^2 + a_1^2} = \sqrt{13}a_1$$

$$=\frac{\sqrt{26\sqrt{3}}}{3} = 2.236895\cdots,$$

$$a_6 = \sqrt{(2.5a_2)^2 + \left(\frac{a_1}{2}\right)^2} = \sqrt{19}a_1$$

$$=\frac{\sqrt{38\sqrt{3}}}{3} = 2.704275\cdots,$$

$$a_7 = \sqrt{(2.5a_2)^2 + (1.5a_1)^2} = \sqrt{21}a_1$$

$$=\frac{\sqrt{42\sqrt{3}}}{3} = 2.843044\cdots,$$

$$a_8 = \sqrt{(3a_2)^2 + a_1^2} = \sqrt{28}a_1$$

$$=\frac{\sqrt{56\sqrt{3}}}{3} = 3.282865\cdots,$$

$$a_9 = \sqrt{(3a_2)^2 + a_3^2} = \sqrt{31}a_1$$

$$=\frac{\sqrt{62\sqrt{3}}}{3} = 3.454259\cdots,$$

$$a_{10} = \sqrt{(3.5a_2)^2 + \left(\frac{a_1}{2}\right)^2} = \sqrt{37}a_1$$

$$= \frac{\sqrt{74\sqrt{3}}}{3} = 3.773765\cdots,$$

$$a_{11} = \sqrt{(3.5a_2)^2 + (1.5a_1)^2} = \sqrt{39}a_1$$

$$= \frac{\sqrt{78\sqrt{3}}}{3} = 3.874416\cdots.$$

定理 2.23　若 P 为 H 型格点多边形, 其边界中的格点线段长度不超过 $a_{10} = \sqrt{37}a_1 = 3.773765\cdots$, 则其面积

$$A(P) = \frac{b}{4} + \frac{i}{2} + \frac{c}{12} - 1.$$

这里不再要求 H 型格点多边形的边由正六边形的边或主对角线、副对角线构成, 只是对边界中的格点线段长度有所限制.

例 2.5　现考察图 2.29 中的两个实例. 图 2.29(a) 多边形 $XYZUVW$ 可以补拼成 7 个单位面积正六边形, 因而其面积为 7, 易知多边形 $XYZUVW$ 中所有格点线段长度均不超过 a_{10}, $c = 1 + 2 + 0 + 1 + 1 + 1 = 6, b = 6, i = 12$, 由定理 2.23 公式求得相同结果:

$$A = \frac{6}{4} + \frac{12}{2} + \frac{6}{12} - 1 = 7.$$

图 2.29(b) 平行四边形 $XYZU$ 中所有格点线段长度均不超过 a_{10}, 又 $c = 1 + 0 + 2 + 0 + 0 + 1 + 0 + 2 + 0 + 0 = 6, b = 10, i = 6$, 按定理

2.23 面积公式

$$A = \frac{10}{4} + \frac{6}{2} + \frac{6}{12} - 1 = 5,$$

再考虑三角形 XYZ, 其面积正好是平行四边形 $XYZU$ 面积的二分之一, 即 $\frac{5}{2}$. 对角线 XZ 是格点线段, 其长度是 $a_6 \leqslant a_{10}$, 又 $c = 1 + 0 + 2 + 0 + 0 + 3 = 6, b = 6, i = 3$, 按定理 2.23 也有

$$A = \frac{6}{4} + \frac{3}{2} + \frac{6}{12} - 1 = \frac{5}{2}. \qquad \square$$

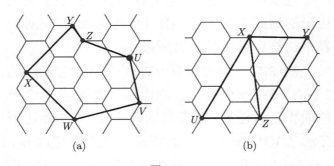

(a)   (b)

图 2.29

2.9　格点多边形与 $2i + 7$

匹克定理 $A(P) = i + \frac{b}{2} - 1$ 建立了格点多边形的面积 $A(P)$、内部格点数 $i(P)$ 与边界格

点数 $b(P)$ 三者之间的一个关系式. 进一步研究参数 A, i, b 之间的关系是一个广为关注的问题. 多边形至少有三个顶点, 显然对 b 约束条件是 $b \geqslant 3$. Scott 于 1976 年证明了下述结论, 参见文献 (Scott, 1976).

（1）若 $i \geqslant 2$, 则 $b \leqslant 2i + 6$;

（2）若 $i = 1$, 则 $b \leqslant 2i + 7$;

（3）若 $i = 0$, 则 b 可以是大于或等于 3 的任意大整数.

以下我们先用图形说明上述结论. 由匹克定理知, $A \geqslant i + \dfrac{1}{2}$, $A \geqslant \dfrac{b}{2} - 1$. 由图 2.30 可知, $b = 3$ 时 A, i 可以任意大.

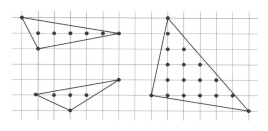

图 2.30 $b = 3, A, i$ 可任意大

由图 2.31 可知, $i = 0$ 时 b 可以任意大.

图 2.31 $i = 0, b$ 可以任意大

由图 2.32 可知, $i = 1$ 时 $b \leqslant 2i + 7$; $i \geqslant 2$ 时 $b \leqslant 2i + 6$.

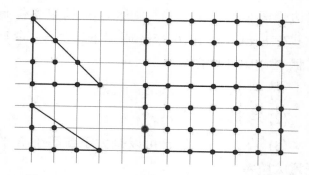

图 2.32 $\quad i = 1 \Rightarrow b \leqslant 2i + 7$; $i \geqslant 2 \Rightarrow b \leqslant 2i + 6$

图 2.33 表明, 给定参数 b, i, 可构作满足条件 $4 \leqslant b \leqslant 2i + 5$ 的格点多边形.

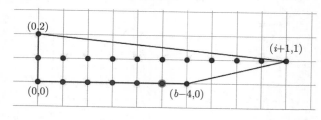

图 2.33 $\quad 4 \leqslant b \leqslant 2i + 5$

2.10 圆中的格点数

问题: 设 C 是以原点 $(0,0)$ 为中心, r 为半径的圆, 圆内部所含格点个数为 $m(r)$, 试给出 $m(r)$ 的估计值, 见文献 (Krantz, 1997).

解答 事实上无法得出一个 $m(r)$ 的确切公式, 我们感兴趣的是, 考虑当 r 无限增大时 $m(r)$ 的变化趋势, 给出 $m(r)$ 的估计值, 随着 r 的增大, $m(r)$ 的估计值也越精确. 这里我们可利用面积来讨论格点的个数. 满足下列条件的正方形称为好正方形: 各边平行于坐标轴, 边长为 1 从而面积为 1, 并以格点为中心. 好正方形仅含位于其中心的一个格点, 不含其他格点. 在以原点为中心以 r 为半径的圆 C 内部作一个以 $r - \sqrt{2}$ 为半径的同心圆 C_1, 类似地, 在圆 C 的外部作一个以 $r + \sqrt{2}$ 为半径的同心圆 C_2. 显然, 与 C_1 相交的好正方形严格落在 C 的内部, 与 C 相交的好正方形则严格落在 C_2 的内部. 这样一来我们就可以得到下列关系式, 如图 2.34 所示.

$$\pi(r - \sqrt{2})^2$$

$=C_1$的面积

$\leqslant C$内部的好正方形面积之和

$\leqslant$含C中格点的好正方形面积之和

$=C$内部格点个数$m(r)$

$\leqslant C$内部的或与其相交的好正方形的个数

$\leqslant C_2$内部的好正方形面积之和

$\leqslant C_2$的面积

$$=\pi(r+\sqrt{2})^2.$$

由此可知 $\pi(r-\sqrt{2})^2 \leqslant m(r) \leqslant \pi(r+\sqrt{2})^2$，不等式各项除以 πr^2 即得

$$\frac{\pi(r-\sqrt{2})^2}{\pi r^2} \leqslant \frac{m(r)}{\pi r^2} \leqslant \frac{\pi(r+\sqrt{2})^2}{\pi r^2},$$

令 $r \longrightarrow +\infty$，即无限增大，有

$$\frac{m(r)}{\pi r^2} \longrightarrow 1,$$

即 $m(r)$ 无限接近于 πr^2. 这就是我们的结论: 以原点为中心 r 为半径的圆其内部格点个数的渐近值是 πr^2，即这个圆的面积值.

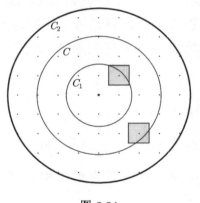

图 2.34

2.11 $i=1$ 的格点三角形

对于格点多边形，研究其内部格点数 i、边

界格点数 b 及顶点数 v 的关系是一个引起广泛关注的问题. 例如, 若 $i = 0$, 则 b 可以是大于 2 的任何正整数. 事实上, 如图 2.35 所示, 在 x-轴上取 2 个格点, 其间可含有任意多个格点, 再在直线 $y = 1$ 上取一格点, 这样三个格点所形成的格点三角形其内部格点数 $i = 0$, 边界格点数 b 可以是任何大于 2 的正整数.

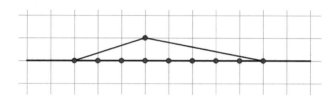

图 2.35

但给定 i 时, b 可能的取值是什么, 问题就复杂得多了. 已有文献证明, 不存在内部格点数 $i = 1$ 且边界格点数 $b = 7$ 的格点三角形. 1976 年 P.R. Scott 对给定的内部格点个数 i 给出了边界格点数 b 的上界.

定理 2.24(Scott)   若格点凸多边形的内部格点数为 i, 则边界格点数 $b \leqslant 2i + 7$.

2007 年 K. Kolodziejczyk 证明了 Coleman 提出的下述猜想.

定理 2.25   对任何格点凸多边形, 其内部格点数 i、边界格点数 b 与顶点数 v 满足下述不

等式:

$$b \leqslant 2i - v + 10.$$

由定理 2.24 可知, $i = 1$ 时 $b \leqslant 2 + 7 = 9$, 由定理 2.25 可知 $i = 1, v = 3$ 时 $b \leqslant 2 - 3 + 10 = 9$. Charles S. Weaver 就 $i = 1$ 的情形证明了下面这个更确切的结果, 见文献 (Weaver, 1977).

定理 2.26(Weaver)   若格点三角形恰好有 $i = 1$ 个内部格点, 则其边界格点数 $b = 3, 4, 6, 8$ 或 9.

图 2.36 给出了定理 2.26 的图示. 为证明定理, 先推导一系列引理, 最后由这些引理即得到定理的结论. 在以下论述中注意一个简单的事实: 如果直线 L 过原点, 则直线 L 由所有坐标为 (tx, ty) 的点构成, 其中 (x, y) 是直线上一点的坐标, t 为任意实数. (tx, ty) 也可写成 $t(x, y)$.

引理 2.27   设 L 为平面中过原点的直线, 若 L 上有格点, 则直线 L 上必有一个格点 (l_1, l_2), 使得直线 L 上的任何格点均可表示为 $k(l_1, l_2)$, 其中 k 为整数且整数 l_1, l_2 互素. 若格点 $(m_1, m_2) = m(l_1, l_2)$, 则 m 是 m_1 与 m_2 的最大公因数.

证明   过原点的直线 L 上若有格点, 则其中必有唯一的一个格点与原点距离最小, 这是因为格点与原点距离的平方是正整数, 这些正整数

中必有最小者 d_0^2, 取直线 L 上与原点距离为 d_0 的格点 (l_1, l_2), 此即与原点最近的格点. 下证 l_1 与 l_2 必互素; 否则, l_1 与 l_2 不互素, 设 l_1 与 l_2 的公因数为整数 k, 则 $\left(\dfrac{l_1}{k}, \dfrac{l_2}{k}\right)$ 是直线 L 上离原点更近的格点, 与 (l_1, l_2) 的选取矛盾.

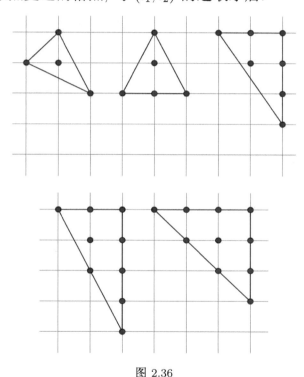

图 2.36

现设 (m_1, m_2) 是 L 上的另一格点, 因 L 过原点, 故可将格点 (m_1, m_2) 写成 (tl_1, tl_2) 的形

式. 往证 t 必为整数, 若 t 不是整数, 设 k 是小于 t 的最大整数, $t - k < 1$, 则 $(m_1, m_2) - k(l_1, l_2) = (t - k)(l_1, l_2)$ 也是 L 上的格点, 且比格点 (l_1, l_2) 离原点更近, 这与 (l_1, l_2) 的选取矛盾, 如此证得 t 为整数. 因 $(m_1, m_2) = (tl_1, tl_2)$, 即 $m_1 = tl_1, m_2 = tl_2$, 所以 t 是 m_1 与 m_2 的公因数. 若 t 不是 m_1 与 m_2 的最大公因数, 设 m_1 与 m_2 的最大公因数 $\gcd(m_1, m_2) = s$, 则 t 整除 s, 从而 $\frac{s}{t}$ 是 l_1 与 l_2 的公因数, 这与 l_1, l_2 两者互素矛盾. □

现考虑一个格点三角形, 不妨设其一个顶点是原点 O, 另外两个顶点记为 $A(a_1, a_2), B(b_1, b_2)$, 格点三角形的由原点出发的两条边用向量表示: $\overrightarrow{OA} = (a_1, a_2), \overrightarrow{OB} = (b_1, b_2)$, 第三条边记为 $\overrightarrow{BA} = (c_1, c_2) = (a_1 - b_1, a_2 - b_2)$.

设 $a = \gcd(a_1, a_2), b = \gcd(b_1, b_2), c = \gcd(c_1, c_2)$.

引理 2.28 设格点三角形的边界格点数为 t, 则 $t = a + b + c$.

证明 设格点三角形的边 $\overrightarrow{OA}$ 上的格点中与原点最近的格点是 (α_1, α_2), 由引理 2.27 知, 边 $\overrightarrow{OA}$ 上的格点可写成 $k(\alpha_1, \alpha_2)$, 其中 $k = 0, 1, 2, \cdots, a$, 因此在 $\overrightarrow{OA}$ 这条边上的格点数是 $a+1$, 同理在其他两条边上的格点数分别是 $b+1$,

$c+1$, 于是三条边上的格点数相加得 $a+b+c+3$, 其中三个顶点均被重复计数各一次, 故格点三角形的边界格点数是 $t=a+b+c$(图 2.37).   □

引理 2.29   若边界格点个数为 t 的格点三角形恰有一个内部格点, 即 $i=1$, 则 a,b,c,ab, ac,bc 均可整除 t.

证明   令 $(a_1,a_2)=a(\alpha_1,\alpha_2),(b_1,b_2)=b(\beta_1,\beta_2),(c_1,c_2)=c(\gamma_1,\gamma_2)$, 利用行列式面积计算公式可得

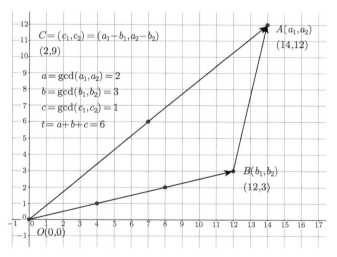

图 2.37

$$\text{三角形面积}=\frac{1}{2}\begin{vmatrix} a_1 & a_2 \\ b_1 & b_2 \end{vmatrix}=\frac{1}{2}ab\begin{vmatrix} \alpha_1 & \alpha_2 \\ \beta_1 & \beta_2 \end{vmatrix}$$

$$=\frac{1}{2}abk, \text{其中}\ k=\begin{vmatrix} \alpha_1 & \alpha_2 \\ \beta_1 & \beta_2 \end{vmatrix}.$$

103

由匹克定理知三角形面积为 $\frac{1}{2}t+(i-1)$, 三角形仅有一个内部格点, $i=1$, 所以三角形面积是 $\frac{t}{2}$, 由此得 $t=abk$. 注意到 k 为整数, a,b 也都是整数, 故 ab 整除 t, a 与 b 也整除 t. 将三角形的其他顶点取为原点, 同理可得 ac 整除 t, c 整除 t, bc 整除 t, 综上所述即得引理结论. □

引理 2.30 若格点三角形的边界格点个数为 t, 内部格点个数 $i=1$, 则 t 必可整除 $6,8,9$.

证明 由引理 2.28 有 $a+b+c=t$, 因而 a,b,c 中至少有一个大于或等于 $\frac{t}{3}$, 不妨设 $a\geqslant\frac{t}{3}$, 即 $\frac{t}{a}\leqslant 3$, 由引理 2.29 知 a 整除 t, 另注意到 $a\neq t$, 故 $\frac{t}{a}=2$ 或 $\frac{t}{a}=3$, 即 $a=\frac{t}{2}$ 或 $a=\frac{t}{3}$. 不失一般性, 不妨设 $a\geqslant b\geqslant c$. 因 b,c 也整除 t, 故 a,b,c,t 之间的关系不外以下几种情形:

(1) $a=\dfrac{t}{2}, b=\dfrac{t}{3}, c=\dfrac{t}{6}$,

(2) $a=\dfrac{t}{2}, b=\dfrac{t}{4}, c=\dfrac{t}{4}$,

(3) $a=\dfrac{t}{3}, b=\dfrac{t}{3}, c=\dfrac{t}{3}$,

又, 由引理2.29 知 ab 整除 t, 即 $\dfrac{t^2}{6}, \dfrac{t^2}{8}, \dfrac{t^2}{9}$ 分别整除 t, 从而 t 整除 $6,8,9$. □

104

定理 2.26 的证明　由引理 2.30 知, $t = 3, 4, 6, 8, 9$, 定理证毕.　　　□

定理 2.31　对任意给定的正整数 i, 存在内部格点数为 i 周长任意大的格点凸多边形.

证明　参见图 2.38. 考虑格点 $\triangle OAB$, 其中 O, A, B 的坐标依次为 $(0,0), (2i+2, 0), (0, 2)$, 将 B 平行移动至格点 $B'(2k, 2)$, 这里 i 为给定正整数, k 为整数, 可任意大. 现证明 $\triangle OAB'$ 内部格点数恒为 i, 周长可以任意大. 为此先依次求出 OB', AB' 所在的直线方程.

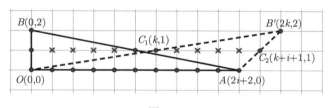

图 2.38

OB' 所在直线方程是 $x - ky = 0$, 仅当 $y = 1$ 时 $x = k$, 因而 $C_1(k, 1)$ 是线段 OB' 内部的唯一格点.

AB' 所在直线方程是 $x - (k - i - 1)y = 2(i + 1)$, 仅当 $y = 1$ 时 $x = k + i + 1$, 因而 $C_2(k + i + 1, 1)$ 是线段 AB' 内部的唯一格点.

$\triangle OAB'$ 的内部格点即线段 C_1C_2 内部的格

点是

$$(k+1,1),(k+2,1),\cdots,(k+i,1),$$

由此可知 $\triangle OAB'$ 的内部格点数恒为 i. 由以上讨论立即可知 $\triangle OAB'$ 的边界格点数是 $2i+6$, $k=0$ 时 $\triangle OAB'$ 即 $\triangle OAB$, 以上结论同样适用.

由于线段 OB' 的长度是 $\sqrt{4k^2+4}$, 整数 k 可任意大, 因而格点三角形的周长可以任意大. □

其实定理中的内部格点数 $i=0$ 时结论也成立, 证明更为简单, 只需取三点 $O(0,0)$, $A(1,0)$, $B(0,1)$, 将格点 B 平行移动至 $B'(k,1)$, $\triangle OAB'$, k 可任意大, 格点三角形的周长也可任意大. 文献 (Rabinowitz, 1989, 1990) 详细讨论了格点凸多边形内部格点数问题.

定理 2.32(Arkinstal)   格点凸五边形必含有一个内部格点.

证明   参见图 2.39. 设多边形 $ABCDE$ 为格点凸五边形, 则其内角和为 3π, 五对相邻内角和为 6π, 故必有某对内角之和大于 π, 不妨设 $\angle A+\angle B>\pi$. 另设点 C 至 AB 的距离不大于点 E 至 AB 的距离, 作平行四边形 $ABCX$, 则 AX,CX 分别落在 $\angle A,\angle C$ 中, 故 X 落在格点五边形 $ABCDE$ 内部. 易知平行四边形的

三个顶点为格点, 则第四个顶点必为格点, X 为
$ABCDE$ 的内部格点.   □

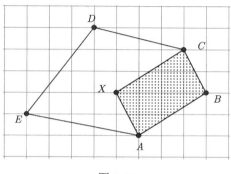

图 2.39

3 平面凸集

3.1　凸集与凸包

给定平面上的点集 S, 如果连接 S 中任意两点的线段均包含于 S, 则称 S 为凸集, 约定单点集与空集也是凸集. 例如线段、正多边形、平行四边形等都是凸集; 平面中的圆 (圆周及其内部, 或称圆盘) 是凸集, 但圆周就不是凸集, 显然连接圆周上的两点的线段并不包含于圆周. 若多边形中连接任意两点的线段均包含于该多边形, 则称其为凸多边形. 对于平面上给定的点集 S, 所有包含 S 的凸集的交集, 即包含 S 的最小凸集, 称为 S 的凸包, 记为 $\mathrm{cov}S$. 这里所说的 "S 的凸包是包含 S 的最小凸集", 其确切的意义如下: S 的凸包是任何包含 S 的凸集的子集. 显然一个凸集的凸包就是其自身. 按凸集的定义不难验证, 图 3.1 中 (a)、(b)、(c) 表示凸集, (d) 表示非凸集.

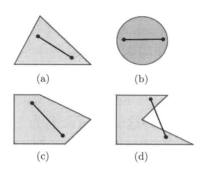

图 3.1

按图 3.2 所示容易证明, 两个凸集的交集还是凸集, 从而任意有限个凸集的交集也是凸集.

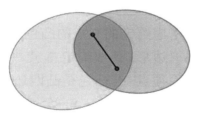

图 3.2

对于凸集的系统研究是 H.Brunn (1862—1939) 与 H.Minkowski (1864—1909) 于 20 世纪初倡导的, 凸性理论一直是当前组合几何与计算几何中的重要研究领域.

3.2　美满结局问题

1933 年冬, 布达佩斯, George Szekeres, Es-
ther Klein 与 Paul Erdős 等一群青年学者定期
在一起研究数学问题. 研究过程中 Klein 提出以
下命题并给出了证明. 因这项研究的合作导致
George Szekeres 与 Klein 两人于 1935 年结为伉
俪, Paul Erdős 将这一问题命名为 Happy End-
ing Problem, 不妨译为 "美满结局问题".

定理 3.1 (Szekeres-Klein 定理)　任意给定
平面上 5 个点, 若 5 个点处于一般位置, 即其中
无三点共线, 则这 5 个点中必有 4 个点是一个
凸四边形的顶点.

证明　考虑给定的 5 点的凸包, 参见图 3.3.
若凸包是凸五边形, 任取给定 5 点中的 4 点即
得凸四边形的顶点; 若凸包是凸四边形, 立即得
到结论; 最后, 若凸包是三角形, 则三角形内部
必含有给定 5 点中的 2 点, 连接这两点的直线
L 其一侧必含三角形的两个顶点 (鸽笼原理), 如
此即得凸四边形的顶点.　　　　　□

例 3.1　给定平面上无三点共线的 5 点, 由
这 5 点构成的凸四边形的个数必为奇数.

110

证明　由定理 3.1 的证明可知, 应分三种情形讨论 (图 3.3 与图 3.4).

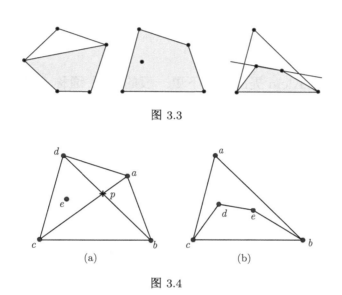

图 3.3

图 3.4

(1) 5 点的凸包为凸五边形: 这时由凸五边形的 5 个顶点中任取 4 点均构成凸四边形, 故凸四边形的个数是 $\dbinom{5}{4} = \dbinom{5}{1} = 5$, 为奇数;

(2) 5 点的凸包为凸四边形: 如图 3.4(a) 所示, 设无三点共线的 5 点为 a, b, c, d, e, 其凸包的顶点为 a, b, c, d. 因给定的 5 点无三点共线, e 在凸四边形内部, 且不在凸四边形的对角线上, 设凸四边形对角线的交点为 p, 不妨设点 e 落在 $\triangle pcd$ 内部, 从而 5 点构成的凸四边形只能是

$abcd, abce, abed$ 共计 3 个, 为奇数个;

(3) 5 点的凸包为三角形: 如图 3.4(b) 所示, 5 点的凸包是三角形, 设其为 $\triangle abc$, 其余两点 d, e 在 $\triangle abc$ 内部. 5 点构成的凸四边形只有 $bcde$ 这一个, 奇数个. □

Klein 提出了以下更一般的问题, 通称 Erdős-Szekeres 问题: 给定正整数 n, 能否找到一个正整数 N, 使得从 N 个点中可选取 n 个点构成一个凸 n-边形. 这里有两个问题: ①对应于 n 的正整数 N 是否存在; ②如存在, 如何求得对应于 n 的最小正整数 N, 即函数值 $f(n)$. 这里涉及的有限个点假设都处于一般位置, 即无三点共线. 上述 $f(n)$ 的含义可用数学符号确切地表述如下:

$$f(n) = \min\{N : \text{平面上} N \text{个处于一般位置的点}$$
$$\text{含有凸} n - \text{边形的} n \text{个顶点}\}.$$

如果记

$$S_n = \{N : \text{平面上} N \text{个处于一般位置的点含有}$$
$$\text{凸} n - \text{边形的} n \text{个顶点}\},$$

易知 S_n 是一个所有满足如下条件的正整数 N 的集合: 平面上 N 个处于一般位置的点必含有凸 n-边形的 n 个顶点. 任意正整数的集合必有最小数, 正整数集 S_n 中的最小正整数就是 $f(n)$.

计算实例　求 $f(4)$. **根据以上定义试求** $f(4)$. 首先我们要明确 $n=4$ 时 $f(n)$ 定义中的正整数集

$$S_4 = \{N : \text{平面上} N \text{个处于一般位置的点}$$
$$\text{含有凸四边形的4个顶点}\}.$$

由定理 3.1 可知, 平面 5 个点处于一般位置, 则这 5 个点中必有 4 个点是一个凸四边形的顶点, 这就是说 5 是正整数集合 S_4 中的数, $5 \in S_4$, 从而一切大于 5 的整数也属于 S_4. 其次是要求出正整数集合 S_4 中的最小者, 这里只需检验小于 5 的正整数 $1,2,3,4$ 是否属于 S_4 即可, 显然 $1,2,3$ 不属于 S_4, 值得检验的是 4 是否属于 S_4, 也就是说要检验无三点共线的 4 个点中是否必包含凸四边形的 4 个顶点. 图 3.5 所示的四点中无三点共线, 处于一般位置, 但这四点中不存在凸四边形的四个顶点, 即正整数 4 不属于 S_4, 从而 5 是 S_4 中的最小者. 这样就证明了

$$S_4 = \{N : \text{平面上} N \text{个处于一般位置的点}$$
$$\text{含有凸 四-边形的4 个顶点}\}$$

中的最小者是 5, 即 $f(4) = 5$.

平面上任给不共线的三点其本身就是三角形的三个顶点, 显然 $3 \in S_3$, 但 $1,2$ 不属于 S_3, 因而正整数集 S_3 中的最小者是 3, 即 $f(3) = 3$.

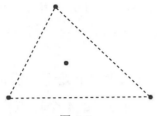

图 3.5

这一类型的问题表述浅近、内涵丰富, 吸引了广泛的关注, 现将有关 $f(n)$ 的研究成果作一简要介绍.

(1) $f(3) = 3$, 显然成立, 这是平凡情形.

(2) $f(4) = 5$, 这是 Klein 最初提出并由她本人证明的结果.

(3) $f(5) = 9$, 按 1935 年 Erdős 与 Szekeres 的论文, 这一结果由 E. Makai 证得. 第一个正式发表的证明据称是由 J. Kalbfleisch 与 R. Stanton 于 1970 年给出的.

(4) $f(6) = 17$, 2006 年由 George Szekeres, Lindsay Peters 证得. 证明中借助计算机搜索技术排除大量不含凸六边形的 17 点构型, 从而只需考察所有可能构型中很少的一部分.

(5) 1935 年 Erdős 与 Szekeres 证得 $n > 6$ 时 $f(n)$ 为有限正整数, 但迄今具体数值尚有待进一步研究.

(6) 在求得 $f(3), f(4), f(5)$ 的基础上 Paul Erdős 与 Szekeres 猜想: $f(n) = 1 + 2^{n-2}$, 后来

证得 $f(n) \geqslant 1 + 2^{n-2}$.

定理 3.2 $f(5) = 9$.

介绍定理 3.2 的证明梗概, 详见文献 (Bonnice, 1974) 与 (Morris et al, 2000). 先给出一条引理. 有关术语与记法如下.

给定一个平面有限点集 Y, 称 Y 为 $(k_1, k_2, \cdots, k_j)$-集, 或称 $(k_1, k_2, \cdots, k_j)$ 型集, 若 Y 满足以下条件: 所含点数 $|Y| = k_1 + k_2 + \cdots + k_j$, Y 的凸包是 k_1-边形; 从 Y 中删去其凸包的顶点后, 剩余点的凸包是 k_2-边形, 依此类推. 例如, 称 Y 是 $(4, 3, 1)$-集, 意即 Y 所含点数是 4+3+1=8, 其凸包是凸四边形, 删去该四边形的 4 个顶点后, 余下的点的凸包是三角形, 再删去这个三角形的 3 个顶点, 余下还有 1 点. 图 3.6 中的点集是 $(3, 3, 2)$-点集, 图 3.7 中给出的是一个 $(4, 3, 1)$-集.

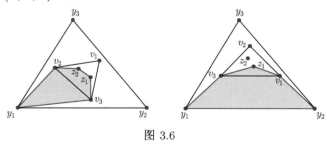

图 3.6

引理 3.3 若 Y 是 $(3, 3, 2)$-点集, 或 $(4, 3, 1)$-点集, 或 $(3, 4, 2)$-点集, 则 Y 中必含凸五边形的

顶点.

证明

(1) Y 是 $(3,3,2)$-点集, 如图 3.6 所示, 其中 y_1, y_2, y_3 是 Y 的凸包的顶点, v_1, v_2, v_3 是 $Y \backslash \{y_1, y_2, y_3\}$ 的凸包的顶点, z_1, z_2 是 Y 的落在 $\triangle v_1 v_2 v_3$ 内部的两个点. 图 3.6 列举的两种情况下 Y 均包含阴影部分所示凸五边形的顶点.

(2) Y 是 $(4,3,1)$-点集, 如图 3.7 所示. 设 y_1, y_2, y_3, y_4 是 Y 的凸包的顶点, v_1, v_2, v_3 是 $Y \backslash \{y_1, y_2, y_3, y_4\}$ 的凸包顶点, z 是 Y 的落在 $\triangle v_1 v_2 v_3$ 内部的一个点. 这时 Y 包含阴影部分所示凸五边形顶点.

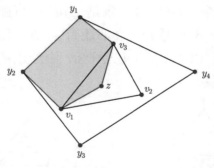

图 3.7

(3) Y 是 $(3,4,2)$-点集, 如图 3.8 所示. 仿以上讨论, 设外围三角形的顶点是 y_1, y_2, y_3, 第二层凸四边形的顶点是 v_1, v_2, v_3, v_4, 四边形内部的两点是 z_1, z_2. 如图 3.8 所示四种情况下 Y 均包

含凸五边形 (阴影部分) 的顶点.

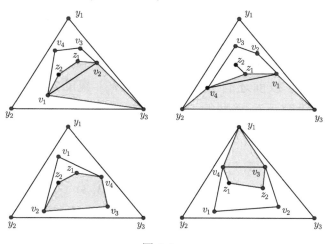

图 3.8

事实上, 易知 $(3,4,2)$ 型点集中含有一个 $(3,3,2)$ 型点集, 已证 $(3,3,2)$ 型点集必含有凸五边形顶点, $(3,4,2)$ 型点集当然也含有凸五边形顶点. □

定理 3.2 的证明   如前所述, 这里要考察的正整数 N 的集合

$$S_5 = \{N : N \text{ 个处于一般位置的点含凸}$$
$$\text{五边形的 5 个顶点}\}.$$

要证明 $f(5) = 9$, 就是要证明数集 S_5 中的最小数是 9.

(1) 首先证明 9 属于整数集 S_5, 也就是要证明任给平面中处于一般位置的 9 个点, 其中必存在凸五边形的 5 个顶点. 事实上如果这 9 个点的凸包是凸 k 边形, 其中 $k \geqslant 5$, 则显然这样的 9 个点中必存凸五边形的 5 个顶点, 即得到结论. 否则, 9 点的凸包只可能是凸四边形或三角形. 按前述有关 $(k_1, k_2, \cdots, k_j)$-集的定义, 只需研究下列类型的 9-点子集:

$$(4, 4, 1), (4, 3, 2), (3, 4, 2), (3, 3, 3).$$

因 $(4, 4, 1), (4, 3, 2)$ 这两类 9-点子集含有 $(4, 3, 1)$ 型的 8-点子集, $(3, 4, 2), (3, 3, 3)$ 这两类 9-点集含有 $(3, 3, 2)$ 型的 8-点子集, 由引理 3.3 知 $(4, 3, 1)$ 型与 $(3, 3, 2)$ 型的 8-点子集必含凸五边形的顶点, 从而对应的 9-点子集也必含有凸五边形顶点. 综上所述, 这就证明了任何处于一般位置的 9-点子集必含有凸五边形的顶点, 9 属于整数集 S_5. 由此即知对任何正整数 $N \geqslant 9$, 处于一般位置的 N-点集必含有凸五边形顶点.

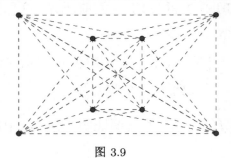

图 3.9

(2) 再证明 9 是整数集 S_5 中的最小者, 也就是要证明小于 9 的正整数都不属于 S_5. 注意

图 3.9 中的 8 点 ① 虽处于一般位置, 但不含凸五边形的顶点, 从而这 8 点中的任何 7 点, 6 点, 5 点也不含凸五边形的顶点. 因此这样就证明了小于 9 的正整数都不属于 S_5, 也就是证明了 9 是数集 S_5 中的最小数, 即 $f(5) = 9$. □

3.3 Helly 定理

Helly 定理是奥地利数学家 Edward Helly (1884—1943) 于 1913 年发现的. 在第一次世界大战期间 Helly 是奥地利军队的一名士兵, 1914 年被俘, 关押在俄国的集中营时也没有终止数学研究, 1923 年发表了定理的证明. 这里我们仅讨论二维空间即平面情形的 Helly 定理. 详见文献 (Boltyanski, 1991). 为了对 Helly 定理先有一个初浅的了解, 也为了便于定理的证明, 先证明以下一个较简单的命题.

图 3.10 绘出了四个凸集 F_1, F_2, F_3, F_4, 各有不同的标识, 根据各个区域中不同标识出现的种数容易看出, 其中任意三个凸集的交集非空, 即有公共点, 四个凸集的交集也非空. 这不是偶然的.

引理 3.4 平面上给定 4 个凸集, 若其中任

119

①图中的 8 点称为 "Maikai 八点", 因其在 $f(5) = 9$ 证明中的关键作用, Erdős 称 $f(5) = 9$ 是由此图发现者 Endre Makai 证明的.

意 3 个凸集的交非空, 则给定的 4 个凸集的交也非空.

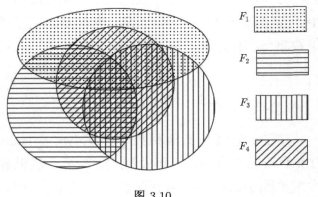

图 3.10

证明 (Boltynanski, Soifer)   设给定的 4 个凸集为 F_1, F_2, F_3, F_4, 设 $p_i(i = 1, 2, 3, 4)$ 属于可能除 F_i 外的其他所有凸集, 即 p_1 属于 F_2, F_3, F_4, 但不排除 p_1 可能属于 F_1, 如此, 等等. 现考虑 p_1, p_2, p_3, p_4 这 4 点的可能布局 (图 3.11).

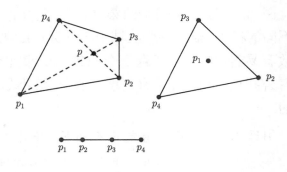

图 3.11

120

(1) 4 点的凸包是凸四边形, 不妨设 4 个顶点依次是 p_1, p_2, p_3, p_4, 考虑该凸四边形的对角线 p_1p_3 与 p_2p_4, 两者交于凸四边形中的一点 p. 因 $p_1, p_3 \in F_2$, 线段 $p_1p_3 \subset F_2$, 同理 $p_1p_3 \subset F_4$, 因而 $p \in F_2, p \in F_4$, 同理因 $p \in p_2p_4$ 有 $p \in F_1$, $p \in F_3$, 最后证得 p 属于所有 4 个凸集, 即给定的 4 个凸集交非空.

(2) 4 点的凸包是三角形, 不妨设 p_1 在三角形的内部, 三角形的顶点为 p_2, p_3, p_4, 按 p_i 的定义, p_2, p_3, p_4 均属于 F_1, 因而以 p_2, p_3, p_4 为顶点的三角形包含于 F_1, 于是也有 $p_1 \in F_1$, 从而 p_1 属于所有 4 个凸集.

(3) 4 点在同一直线上, 不妨设依次是 $p_1, p_2,$ p_3, p_4, 考虑线段 p_1p_4, 按 p_i 的定义, p_1, p_4 均属于凸集 $F_2 \cap F_3$ (凸集的交集仍为凸集), 从而线段 p_1p_4 落在 $F_2 \cap F_3$ 中, 这样一来线段 p_1p_4 中的点 p_2 属于 $F_2 \cap F_3$, 于是 p_2 除了按其定义属于 F_1, F_3, F_4 外, 还属于 F_2, 即 p_2 属于所有 4 个凸集. 同理 p_3 也属于所有 4 个凸集. □

定理 3.5 (Helly 定理) 设 $F_1, F_2, \cdots, F_n$ 为平面上的一组凸集, $n \geqslant 3$, 若这些凸集中的任意 3 个凸集的交集非空, 则所有这些凸集的交集也非空.

证明 用数学归纳法证明. $n = 3$ 是平凡情形, 定理显然成立. $n = 4$ 的情形上述引理已证.

设定理对 $n = k$ 成立, 现考虑 $n = k+1$ 的情形. 设给定 $k+1$ 个凸集 $F_1, F_2, \cdots, F_k, F_{k+1}$, 其中任意 3 个的交非空, 考虑以下个集合:

$$T_1 = F_1 \cap F_{k+1},$$

$$T_2 = F_2 \cap F_{k+1}, \cdots, T_k = F_k \cap F_{k+1}.$$

由于凸集的交集仍然是凸集, 所以对 $i = 1, 2, \cdots, k$, T_i 是凸集. 现考虑 $T_1, T_2, \cdots, T_k$ 这 k 个凸集, 其中任意 3 个的交可表示为

$$T_u \cap T_v \cap T_w = F_u \cap F_v \cap F_w \cap F_{k+1}.$$

由引理 3.4 知, $F_1, F_2, \cdots, F_k, F_{k+1}$ 中任意 3 个的交非空, 从而其中任意 4 个的交也非空, 故 $T_u \cap T_v \cap T_w$ 非空. 由归纳假设定理对 $n = k$ 成立, 知所有 $T_i (i = 1, 2, \cdots, k)$ 这 k 个凸集的交也非空, 从而由

$$F_1 \cap F_2 \cap \cdots \cap F_k \cap F_{k+1} = T_1 \cap T_2 \cap \cdots \cap T_k$$

即得定理结论. □

注意 Helly 定理中 n 个集合均为凸集这一条件. 图 3.12 中的四个集合 F_1, F_2, F_3, F_4 中 F_1, F_2, F_3 均为凸集, 但 F_4 不是凸集. 注意到图中各个区域的不同标识, 可以找到同时具备三个不同标识的区域, 但不存在同时具有四个标识的区域, 即 F_1, F_2, F_3, F_4 中任意三个集的交非空, 但 F_1, F_2, F_3, F_4 没有公共点.

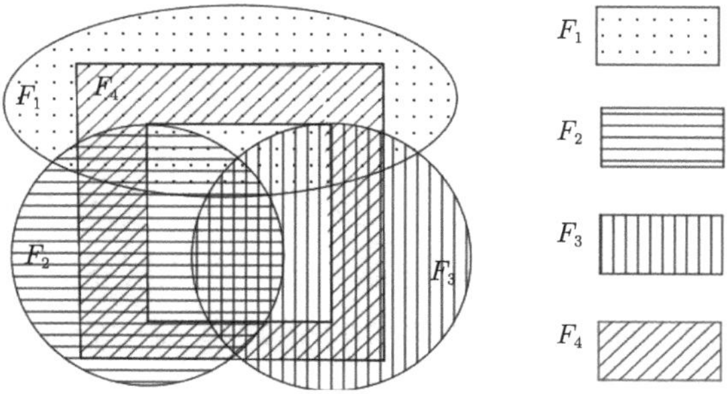

图 3.12

以上定理 3.5 是平面中的 Helly 定理, 即二维空间的 Helly 定理, 定理中的 3 可以写成 $d+1$, 其中 $d=2$ 正是平面空间的维数. 3-维空间中的凸集可设想为多面体, 圆球体等, 事实上 d-维空间的 Helly 定理可表述如下.

定理 3.6 设 $F_1, F_2, \cdots, F_n$ 为 d-维空间的一组凸集, $n \geqslant d+1$, 若这些凸集中的任意 $d+1$ 个集的交集非空, 则所有这些集的交集也非空.

值得一提的是, 许多数学家认为, Helly 定理确认一个局部的性质蕴涵着一个整体的性质, 是令人惊叹的.

推论 3.7 给定平面中 k 个点, 其中任意三点落在同一个半径为 1 的圆盘中, 则所有这 k 个点均落在一个半径为 1 的单位圆盘中.

证明 事实上我们要证明的是: 以每个给定点为圆心作 k 个单位圆盘, 这 k 个单位圆盘有公共点. 按 Helly 定理, 只需证明这 k 个单位圆盘中的任意三个均有公共点. 由已知条件, k 个点中的任意三点 a, b, c 均落在同一个半径为 1 的圆盘中, 如图 3.13 所示, a, b, c 落在圆周为实线的圆盘中, 其圆心 q 显然与 a, b, c 的距离均不大于 1, 从而点 q 就是以 a, b, c 为圆心的三个单位圆盘 (圆周为虚线者) 的公共点, 注意到 a, b, c 三点是任意选取的, 因而由 Helly 定理, k 个单位圆盘有公共点, 给定的 k 个点均落在以这个公共点为圆心的单位圆盘中. □

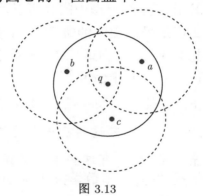

图 3.13

由 Helly 定理可导出如下的 Jung 定理. 参见文献 (Boltyanski, 1991).

定理 3.8 (Jung 定理) 设 M 为平面上的有限点集, 其中任意两点的距离不超过单位长度 1, 则点集 M 必包含于一个半径为 $\dfrac{1}{\sqrt{3}}$ 的圆盘中.

证明一　由推论 3.7, 只需证明 M 中的任意三点均落在一个半径为 $\dfrac{1}{\sqrt{3}}$ 的圆盘中, 如图 3.14 所示. 设任取的三点为 a, b, c, 设 ac 为 $\triangle abc$ 的最大边, 其长度为 1, 则 $\angle abc \geqslant 60°$, 是 $\triangle abc$ 中的最大角, 以 ac 为一边, 作正三角形 adc, 使得 b 与 d 在 ac 的同侧, 从而点 b 必落在正三角形 $\triangle adc$ 的外接圆盘 K 中, 否则, 若 b 不落在外接圆盘 K 中, 则 $\angle abc < 60°$, 矛盾. 易知圆盘 K 的半径是 $\dfrac{1}{\sqrt{3}}$. 这样就证明了 M 中的任意三点均落在一个半径为 $\dfrac{1}{\sqrt{3}}$ 的圆盘中, 由推论 3.7 可知点集 M 中所有点均包含于一个半径为 $\dfrac{1}{\sqrt{3}}$ 的圆盘中.　□

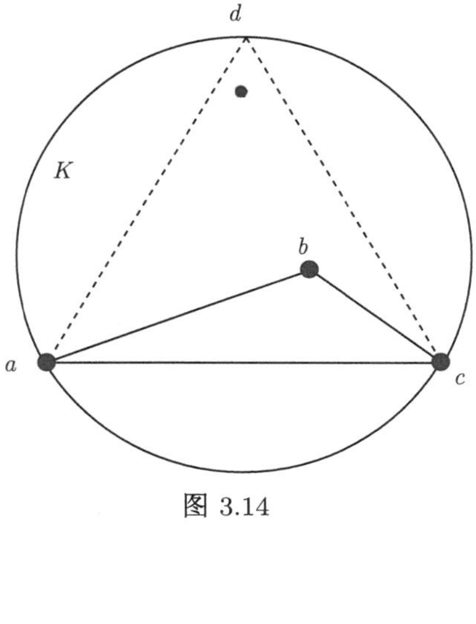

图 3.14

证明二 以 M 中的各个点为圆心作半径为 $\frac{1}{\sqrt{3}}$ 的圆, 只需证明所有这些圆盘有公共点, 这一公共点未必是 M 中的点, M 中所有点到这一公共点的距离均不大于 $\frac{1}{\sqrt{3}}$, 这也就是点集 M 包含于一个半径为 $\frac{1}{\sqrt{3}}$ 的圆盘中. 由 Helly 定理, 又只需证明任意三个这样的圆盘有公共点即可, 现证明如下. 任取 M 中三点 a,b,c, 以这三点为圆心作三个半径为 $\frac{1}{\sqrt{3}}$ 的圆 (图 3.15(a)). 三角形 abc 中不可能所有三个角都小于 $60°$, 不妨设 $\alpha = \angle acb \geqslant 60°$, 设三角形 abc 外接圆的半径为 r(图 3.15(b)), 则

$$r = \frac{ab}{2\sin\alpha}.$$

因 M 中任意两点的距离不超过单位长度 1, 故有 $ab \leqslant 1$, 从而

$$r \leqslant \frac{1}{2\sin\alpha}.$$

因 $\alpha \geqslant 60°$, 分以下两种情形讨论.

(1) $60° \leqslant \alpha \leqslant 120°$, 这时

$$r \leqslant \frac{1}{2\sin\alpha} \leqslant \frac{1}{2\sin 60°} = \frac{1}{\sqrt{3}},$$

即 $\triangle abc$ 外接圆的圆心 O 与 a,b,c 三点的距离

不大于 $\dfrac{1}{\sqrt{3}}$, 因而 O 是以 a, b, c 为圆心的三个圆的公共点.

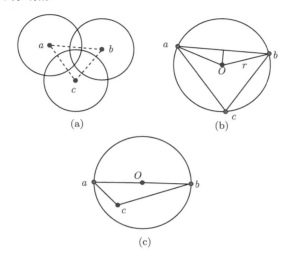

(a)

(b)

(c)

图 3.15

(2) $\alpha > 120°$, 这时点 c 必落在以 ab 为直径的圆中 (图 3.15(c)), 圆心 O 是 ab 的中点, 圆的半径 $\dfrac{ab}{2} \leqslant \dfrac{1}{2}$,

$$oc < \frac{1}{2} < \frac{1}{\sqrt{3}},$$

O 与 a, b, c 的距离均小于 $\dfrac{1}{\sqrt{3}}$, 由此可知 O 是以 a, b, c 为圆心的三个圆的公共点. a, b, c 三点共线时也有同样结论.

综上所述, 以任给三点为圆心且半径为 $\dfrac{1}{\sqrt{3}}$

的三个圆恒有公共点, 按 Helly 定理, 以 M 各点为圆心且半径为 $\dfrac{1}{\sqrt{3}}$ 的圆必有公共点. □

若矩形的边平行于坐标轴, 称其为平行矩形. 文献 (Hadwiger et al., 1964) 给出了下列定理及证明.

定理 3.9 若一族平行矩形中任意两个平行矩形有公共点, 则该族中所有平行矩形有公共点.

证明 由 Helly 定理可知, 这里只需证明三个平行矩形 R_1, R_2, R_3 中任意两个矩形有公共点则三个矩形 R_1, R_2, R_3 也有公共点. 设每两个平行矩形的公共点为 $P_i(x_i, y_i)$:

$$P_1 \in R_2 \cap R_3, \quad P_2 \in R_1 \cap R_3, \quad P_3 \in R_1 \cap R_3,$$

因平行矩形 R_i 的边平行于坐标轴且是凸集, 连接其中任意两点的线段及以该线段为对角线的矩形也包含于 R_i 中, 由 $P_1 \in R_2 \cap R_3$, $P_2 \in R_1 \cap R_3$ 知 $P_1, P_2 \in R_3$, 因而整个以线段 P_1P_2 为对角线的平行矩形包含于 R_3, 即 R_3 包含所有的点 $P(x, y)$, 其中 $x_1 \leqslant x \leqslant x_2, y_1 \leqslant y \leqslant y_2$. 同理以线段 P_1P_3 为对角线的平行矩形包含于 R_2, 以线段 P_2P_3 为对角线的平行矩形包含于 R_1, 综上所述我们有

R_1 包含所有的点 $P(x, y)$, 其中 $x_2 \leqslant x \leqslant$

$x_3, y_2 \leqslant y \leqslant y_3$;

R_2 包含所有的点 $P(x, y)$, 其中 $x_1 \leqslant x \leqslant x_3, y_1 \leqslant y \leqslant y_3$;

R_3 包含所有的点 $P(x, y)$, 其中 $x_1 \leqslant x \leqslant x_2, y_1 \leqslant y \leqslant y_2$.

对 $P_1(x_1, y_1), P_2(x_2, y_2), P_3(x_3, y_3)$ 三点的下标作适当调整, 不妨设 $x_1 \leqslant x_2 \leqslant x_3$, 相应地有 $y_i \leqslant y_j \leqslant y_k$, 于是点 $P(x_2, y_j)$ 属于所有三个矩形. 从而该族中所有平行矩形有公共点. □

将一族线段看成一族 "退化" 的平行矩形, 立即可得下述结论.

推论 3.10 直线上的一族线段中任意两个线段有公共点, 则该族所有线段必有公共点.

3.4 Minkowski 定理

德国数学家 Hermann Minkowski (1864—1909) 以几何方法研究数论问题, 研究数学物理与相对论, 是数的几何 (Geometry of Numbers) 这一学科的创始人. 1907 年 Minkowski 证明了爱因斯坦创立的特殊相对论从几何学角度可以理解为四维时空的理论, 爱因斯坦曾师从 Minkowski. 下面给出著名的 Minkowski 定理, 并利用 Minkowski 定理推导出一个著名的几何命题. 参见文献 (Erdős et al., 1988; Murty et al.

2007; Olds et al., 2000).

定理 3.11 (Minkowski)　一个平面凸区域若关于原点对称且面积大于 4, 则该凸集内部必存在异于原点的格点.

图 3.16(a) 印证了 Minkowski 定理的陈述, 凸区域 K 面积大于 4 且关于原点对称, 椭圆形区域 K 含异于原点的格点. 事实上, 由 Minkowski 定理可知, 如果凸区域 K 不含异于原点的格点, 则有两种情形: K 关于原点对称, 其面积不大于 4, 即面积的上界为 4, 如图 3.16(b) 所示; 或 K 关于原点不对称, 这时其面积可以大于 4, 如图 3.16(c) 所示. 含有某种点的凸多边形或凸区域的面积大小问题是个备受关注的研究课题. 下面我们给出两个涉及凸多边形重心与面积大小问题的非常有趣的结果. 三角形的重心是该三角形的形心, 也就是三角形三边中线的交点, 平行四边形的重心是两条对角线的交点.

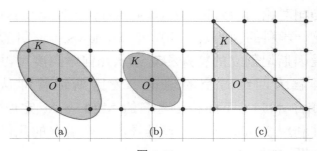

图 3.16

定理 3.12（Winternitz） 若一个凸多边形被过其重心的直线划分为两个部分, 则这两部分面积之比介于 $\frac{4}{5}$ 与 $\frac{5}{4}$ 之间.

图 3.17 以三角形为例说明定理的含义. 大三角形被划分为九个全等的小三角形, 过大三角形重心的直线 l_1 显然将大三角形划分成面积之比为 $\frac{4}{5}$ 的两部分, 当然也可以看成面积之比为 $\frac{5}{4}$ 的两部分, 两个比值均介于 $\frac{4}{5}$ 与 $\frac{5}{4}$ 之间, 这也表明上下界是可达到的, 从而定理中的上下界不能再改进. 过重心的直线 l_2 将大三角形划分为面积相等的两部分, 即面积之比为 1 的两部分, 显然 1 介于 $\frac{4}{5}$ 与 $\frac{5}{4}$ 之间. 换一个说法, 即过重心的直线将大三角形分成两部分, 其中必有一部分, 其面积至少是大三角形面积的 $\frac{4}{9}$.

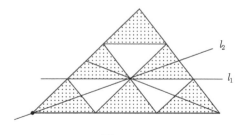

图 3.17

现在回到格点问题. 设 K 为重心在原点的凸多边形, 1955 年法国数学家 Eugene Ehrhart 发现了面积 $A(K)$ 的上界. 其证明用到前面的 Minkowski 定理与 Winternitz 定理.

定理 3.13 (Ehrhart)　设 K 为重心在原点的凸多边形, 除原点外该凸集不含其他格点, 则有

$$A(K) \leqslant \frac{9}{2}.$$

证明　设 K 为满足定理条件的凸多边形 (图 3.18 中以三角形为例), 过原点 O 即重心作一直线 l 将 K 划分为两部分 K_1, K_2 (图 3.18(a)), 另构作 K_1', 使得 K_1' 与 K_1 关于原点中心对称 (图 3.18(b)), 设 K^* 是 K_1 与 K_1' 的并, $K^* = K_1 \cup K_1'$. 新的集合 K^* 是凸集, 关于原点中心对称, 除原点外不含任何格点, 因此可应用 Minkowski 定理得出结论: K^* 的面积不超过 4, 即 $A(K^*) \leqslant 4$.

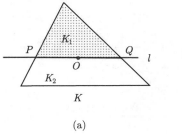

(a)　　　(b)

图 3.18

注意, K 被过重心的直线 l 划分成两部分 K_1 与 K_2, 由 Winternitz 定理, K_1 与 K_2 两者面积之比介于 $\frac{4}{5}$ 与 $\frac{5}{4}$ 之间, 即 $\frac{4}{5} \leqslant \frac{A(K_2)}{A(K_1)} \leqslant \frac{5}{4}$, 从而

$$\frac{A(K)}{A(K_1)} = \frac{A(K_1) + A(K_2)}{A(K_1)} \leqslant 1 + \frac{5}{4} = \frac{9}{4}.$$

又 $A(K^*) = 2A(K_1)$, $A(K^*) \leqslant 4$, 于是有

$$A(K) \leqslant \frac{9}{4} A(K_1) = \frac{9}{4} \cdot \frac{A(K^*)}{2} \leqslant \frac{9}{8} \cdot A(K^*)$$
$$\leqslant \frac{9}{8} \cdot 4 = \frac{9}{2}. \qquad \square$$

有趣的是, 我们可以自行构作许多内部仅含重心这一个格点的凸集来验证定理 3.13. 例如, 我们可以如图构造一个定理中等号成立的简单例子. 图 3.16(c) 中格点三角形内部除重心即原点 O 外不含其他格点, 面积恰好是 $\frac{9}{2}$.

4 平面点集中的距离问题

本章讨论 Erdős 点集与 Erdős 距离问题. 如本书前言所述, 组合几何作为一个数学分支是从 20 世纪 30 年代开始逐步形成的, 正是由于 Erdős 不断提出大量组合几何问题, 才引起了数学界越来越广泛的关注, 20 世纪中叶开始涌现出多种多样的组合几何研究成果. 1991 年 7 月 11 日在德国多特蒙德大学主办的一次国际会议上笔者有幸得到这位当代大数学家的指教. 图 4.1 所示手迹是他当即亲笔书写的一个距离问题, 他称自己是大家的 "老伯伯", 祝愿大家能成功证明 "老伯伯" 提出的结论或作出猜想, 并向中国同行致意.

平面上 n 个点共确定 $\binom{n}{2}$ 个距离, 这些距离有的可能相同, 有的可能互异, 有多重多样可能情形. 1946 年, Erdős 就 $\binom{n}{2}$ 个距离的分布提出了一系列有关研究课题.

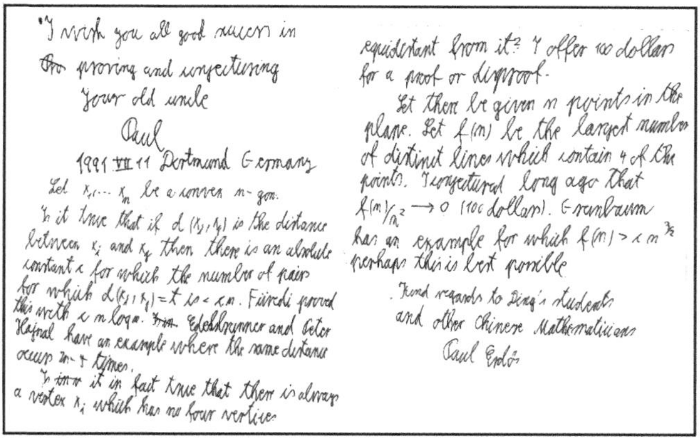

"I wish you all good success in proving and conjecturing

Your old uncle

Paul

1991 VII 11 Dortmund Germany

Let $x_1, \dots x_n$ be a convex n-gon.

Is it true that if $d(x_i, x_j)$ is the distance between x_i and x_j then there is an absolute constant c for which the number of pairs for which $d(x_i, x_j) = t$ is $< cn$. Füredi proved this with $c\, n \log n$. Edelsbrunner and Peter Hajnal have an example where the same distance occurs $n-4$ times.

Is it in fact true that there is always a vertex x_i which has no four vertices equidistant from it? I offer 100 dollars for a proof or disproof.

Let there be given n points in the plane. Let $f(n)$ be the largest number of distinct lines which contain 4 of the points. I conjectured long ago that $f(n)/n^2 \to 0$ (100 dollars). Grünbaum has an example for which $f(n) > c\, n^{3/2}$ perhaps this is best possible

Kind regards to Ding's students and other Chinese Mathematicians

Paul Erdős

图 4.1

以平面上 3 点为例. 考虑平面上 3 个点所确定的 $\binom{3}{2} = 3$ 个距离, 显然, 等边三角形的三顶点确定的 3 个距离相等, 可以认为互异距离个数是 1; 非等边的等腰三角形, 其三顶点确定的互异距离个数 $k = 2$; 三边互不相等的三角形其互异距离个数是 3. 考虑平面上 4 个点确定的 $\binom{4}{2} = 6$ 个距离. 显然边长为 1 的正方形的 4 个顶点确定的互异距离个数是 2: 距离 1 是最小距离, 出现 4 次, 距离 $\sqrt{2}$ 是最大距离, 出现

2 次, 互异距离个数是 2. 图 4.2 给出了平面上 4 个点的凸包是三角形时的几种典型布局.

通过简单计算即可求得每种布局中两点间的距离. 现根据计算结果总结如下.

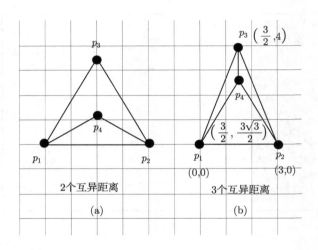

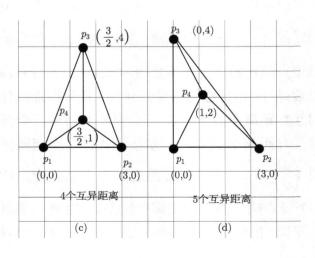

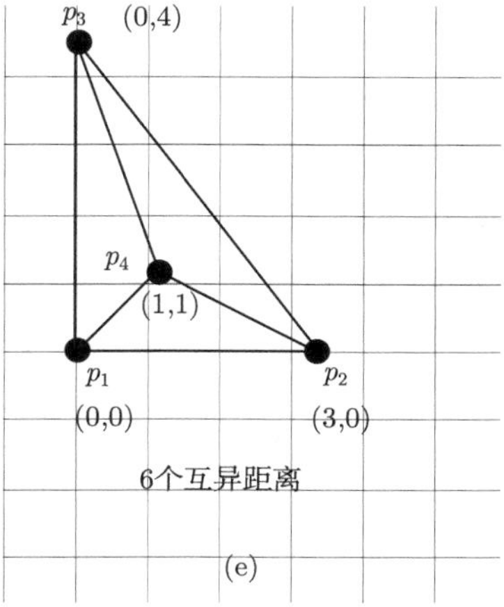

图 4.2

(a) $p_1p_2 = p_2p_3 = p_3p_1 > p_4p_1 = p_4p_2 = p_4p_3$, 这里 p_1, p_2, p_3 是等边三角形的三个顶点, p_4 是三角形的重心, 与其余三点距离相等; 互异距离个数 =2, 最大距离出现次数 =3, 最小距离出现次数 =3.

(b) $p_3p_1 = p_3p_2 > p_1p_2 = p_2p_4 = p_4p_1 > p_3p_4$; 互异距离个数 =3, 最大距离出现次数 =2, 最小距离出现次数 =1.

(c) $p_3p_1 = p_3p_2 > p_3p_4 > p_1p_2 > p_4p_1 = p_4p_2$; 互异距离个数 =4, 最大距离出现次数 =2, 最小距离出现次数 =1.

(d) $p_2p_3 > p_3p_1 > p_1p_2 > p_2p_4 > p_4p_1 = p_4p_3$; 互异距离个数 =5, 最大距离出现次数 =1, 最小距离出现次数 =2.

(e) $p_2p_3 > p_3p_1 > p_1p_2 > p_3p_4 > p_4p_2 > p_4p_1$; 互异距离个数 $=6$, 最大距离出现次数 $=2$, 最小距离出现次数 $=1$.

例如, n 个点所确定的距离中, 如何确定一个给定距离出现的次数、互异距离的个数、最大距离的个数、最小距离的个数, 如此等等, 这类问题统称为 Erdős 距离问题. 本章主要介绍平面上 n 个点所确定的互异距离、相同距离、最大距离及最小距离等的计数问题, 相关命题与初等而巧妙的证明选自 Erdős 早年的论著与 Ross Honsberger 的有关综述. 对距离问题的研究日渐深入, 近年来获得的研究成果层出不穷, 是组合几何领域一个十分活跃的研究分支.

4.1 Erdős 点集问题

1983 年 Erdős 提出一个与点集距离有关的十分有趣的问题, 一般称之为 Erdős 点集问题. 能否找到平面上满足以下条件的 n 个点:

(1) 该 n 个点中无三点共线, 且无四点共圆;

(2) 该 n 个点确定 $n-1$ 个互异距离, 可按距离重复次数排序, 使得第 $i(i = 1, 2, \cdots, n-1)$ 个距离重复 i 次.

到目前为止, 对 $2 \leqslant n \leqslant 8$ 均已给出满足上述条件的 n 个点. 1987 年 Ilona Palásti 为纪念

Erdős 75 寿辰发表了一篇题为 "关于 Erdős 七点问题" 的论文, 构作了符合以上条件的七点集, 即 Erdős 七点集 (图 4.3), 随后又给出 Erdős 六点集. 文献 (Jafari, 2016) 全面论述了 $2 \leqslant n \leqslant 8$ 时的有关问题.

4.1.1　Erdős 七点集

Erdős 七点集作图步骤如下: 首先构作如下的凸六边形, 顶点依次为 $P_1, P_2, P_3, P_4, P_5, P_6$, 边长依次为 $1, \sqrt{2}, 1, \sqrt{2}, 1, \sqrt{2}$, 相邻两边的夹角依次为 $150°, 90°, 150°, 90°, 150°, 90°$, 过 P_5 作 P_1P_2 的垂线, 易知此垂线与线段 P_5P_6 的夹角为 $30°$, 因而恰好也是 P_1P_2 的垂直平分线 (见图 4.3 中虚线). 在此垂直平分线上取点 P_7, 使得 $P_5P_7 = \sqrt{3}$, 如图 4.3 所示, 易知 $h + P_5P_7 = \sqrt{2} + \frac{\sqrt{3}}{2}, h = \sqrt{2} - \frac{\sqrt{3}}{2}$. 注意到 $P_6P_7 = 1, P_6P_7 /\!/ P_4P_3$, 四边形 $P_3P_4P_6P_7$ 为平行四边形. 如此得到的七点确定 $\binom{7}{2} = 21$ 个距离.

这里互异距离的个数是 $(n-1) = 6$, Palásti 论文对互异距离适当编号, 得到了完美的结论: 第 $i(i = 1,2,3,4,5,6)$ 个距离重复 i 次, 但未给出距离的具体计算方法. 事实上计算方法十分浅近, 可以运用余弦定理, 也可以用距离公式.

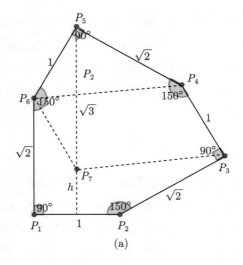

(a)

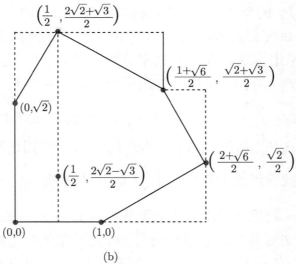

(b)

图 4.3 Erdős 七点集结构

余弦定理计算法 为论述简便明了, 设

140

$$\alpha = \angle P_5 P_6 P_4,$$

$$\beta = \angle P_4 P_6 P_7 = 150° - 30° - \alpha = 120° - \alpha,$$

则有

$$\sin\alpha = \frac{\sqrt{2}}{\sqrt{3}}, \quad \cos\alpha = \frac{1}{\sqrt{3}},$$

$$\cos\beta = \cos 120° \cos\alpha + \sin 120° \sin\alpha = \frac{\sqrt{2}}{2} - \frac{\sqrt{3}}{6}.$$

(1) $\sqrt{5-\sqrt{6}}$ 出现 1 次 $(P_4 P_7)$:

$$P_4 P_7 = \sqrt{1 + 3 - 2\sqrt{3}\cos\beta}$$

$$= \sqrt{4 - 2\sqrt{3}\left(\frac{\sqrt{2}}{2} - \frac{\sqrt{3}}{6}\right)}$$

$$= \sqrt{5 - \sqrt{6}}.$$

(2) $\sqrt{3-\sqrt{6}}$ 出现 2 次 $(P_1 P_7, P_2 P_7)$: 因 P_7 落在 $P_1 P_2$ 的垂直平分线上, 显然

$$P_1 P_7 = P_2 P_7 = \sqrt{h^2 + \left(\frac{1}{2}\right)^2}$$

$$= \sqrt{\left(\sqrt{2} - \frac{\sqrt{3}}{2}\right)^2 + \frac{1}{4}}$$

$$= \sqrt{3 - \sqrt{6}}.$$

(3) $\sqrt{2}$ 出现 3 次 $(P_2 P_3, P_4 P_5, P_6 P_1)$: 由七点的定义即知.

(4) 1 出现 4 次 $(P_1P_2, P_3P_4, P_5P_6, P_6P_7)$: 由七点的定义及前面指出的 $P_6P_7 = 1$ 即得此结论.

(5) $\sqrt{3}$ 出现 5 次 $(P_2P_4, P_4P_6, P_6P_2, P_5P_7, P_3P_7)$: 由直角三角形 $P_2P_3P_4$, $P_4P_5P_6$ 与 $P_1P_2P_6$ 得

$$P_2P_4 = P_4P_6 = P_6P_2 = \sqrt{1^2 + (\sqrt{2})^2} = \sqrt{3},$$

由 P_7 的选取知

$$P_5P_7 = \sqrt{3},$$

由平行四边形 $P_3P_4P_6P_7$ 中对边相等知

$$P_3P_7 = P_4P_6 = \sqrt{3}.$$

(6) $\sqrt{3 + \sqrt{6}}$ 出现 6 次 $(P_1P_3, P_1P_4, P_1P_5, P_2P_5, P_3P_5, P_3P_6)$: 在三角形 $P_1P_2P_3$ 中, 由余弦定理得

$$P_1P_3 = \sqrt{1^2 + \sqrt{2}^2 - 2\sqrt{2}\cos 150°}$$
$$= \sqrt{3 + \sqrt{6}},$$

在三角形 $P_1P_4P_6$ 中, 由余弦定理得

$$P_1P_4 = \sqrt{\sqrt{2}^2 + \sqrt{3}^2 - 2\sqrt{2}\sqrt{3}\cos(150° - \alpha)}$$
$$= \sqrt{5 - 2\sqrt{6}\left(-\frac{1}{2} + \frac{\sqrt{6}}{6}\right)} = \sqrt{3 + \sqrt{6}},$$

$$P_2P_5 = P_1P_5 = \sqrt{1^2 + \sqrt{2}^2 - 2\sqrt{2}\cos 150°}$$

$$=\sqrt{3 - 2\sqrt{2}\left(-\frac{\sqrt{3}}{2}\right)} = \sqrt{3 + \sqrt{6}},$$

$$P_3P_5 = \sqrt{1^2 + \sqrt{2}^2 - 2\sqrt{2}\cos 150°}$$

$$=\sqrt{3 + \sqrt{6}}.$$

设 $\gamma = \angle P_6P_4P_5$, $\sin\gamma = \dfrac{1}{\sqrt{3}}$, $\cos\gamma = \dfrac{\sqrt{2}}{\sqrt{3}}$,

$$P_3P_6 = \sqrt{1^2 + \sqrt{3}^2 - 2\sqrt{3}\cos(150° - \gamma)}$$

$$=\sqrt{4 + 3\cos\gamma - \sqrt{3}\sin\gamma}$$

$$=\sqrt{4 + 3\frac{\sqrt{2}}{\sqrt{3}} - \frac{\sqrt{3}}{\sqrt{3}}}$$

$$=\sqrt{3 + \sqrt{6}}.$$

距离公式计算法　按作图步骤求出七个点的坐标. 设 P_1 的坐标为 $(0,0)$, P_2 的坐标为 $(1,0)$, P_6 的坐标为 $(0,\sqrt{2})$, 这样就确定了坐标系, 如图 4.3(b) 所示求得七点的坐标如下:

$$P_1(0,0), \quad P_2(1,0), \quad P_3\left(\frac{2+\sqrt{6}}{2}, \frac{\sqrt{2}}{2}\right),$$

$$P_4 \left(\frac{1+\sqrt{6}}{2}, \ \frac{\sqrt{2}+\sqrt{3}}{2} \right),$$

$$P_5 \left(\frac{1}{2}, \ \frac{2\sqrt{2}+\sqrt{3}}{2} \right), \quad P_6(0, \sqrt{2}),$$

$$P_7 \left(\frac{1}{2}, \ \frac{2\sqrt{2}-\sqrt{3}}{2} \right).$$

以下是由距离公式所得计算结果, 算式从略:

(1) $\sqrt{5-\sqrt{6}}$ 出现 1 次 $(P_4 P_7)$;

(2) $\sqrt{3-\sqrt{6}}$ 出现 2 次 $(P_1 P_7, P_2 P_7)$;

(3) $\sqrt{2}$ 出现 3 次 $(P_2 P_3, P_4 P_5, P_6 P_1)$;

(4) 1 出现 4 次 $(P_1 P_2, P_3 P_4, P_5 P_6, P_6 P_7)$;

(5) $\sqrt{3}$ 出现 5 次 $(P_2 P_4, P_4 P_6, P_6 P_2, P_5 P_7, P_3 P_7)$;

(6) $\sqrt{3+\sqrt{6}}$ 出现 6 次 $(P_1 P_3, P_1 P_4, P_1 P_5, P_2 P_5, P_3 P_5, P_3 P_6)$.

4.1.2　Erdős 六点集

前述七点集虽然满足无四点共圆的条件, 但我们发现 P_1, P_2, P_3 落在以 P_5 为圆心的圆周上, P_3, P_4, P_5 落在以 P_1 为圆心的圆周上, P_5, P_6, P_1 落在以 P_3 为圆心的圆周上. Erdős 在获知 Palásti 给出的七点集后提出了一个新的要求: 无三点落在以第四点为圆心的圆周上. Palásti 于 1989 年发表论文给出了除原有条件外还满足这

一附加条件的六点集 (图 4.4):

$$P_1(0,0), \quad P_2\left(\frac{5\sqrt{3}}{6}, \frac{1}{2}\right), \quad P_3\left(\frac{5\sqrt{3}}{6}, \frac{3}{2}\right),$$

$$P_4(0,1), \quad P_5\left(\frac{\sqrt{3}}{6}, \frac{1}{2}\right), \quad P_6\left(\frac{2\sqrt{3}}{3}, 1\right).$$

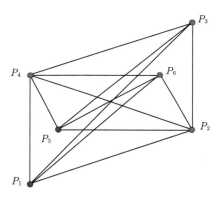

图 4.4　Erdős 六点集结构

用距离公式计算可得:

(1) $\sqrt{\frac{13}{3}}$ 出现 1 次: $P_1P_3 = \sqrt{\frac{13}{3}}$.

(2) $\frac{2}{\sqrt{3}}$ 出现 2 次: $P_2P_5 = P_4P_6 = \frac{2}{\sqrt{3}}$.

(3) 1 出现 3 次: $P_1P_4 = P_2P_3 = P_5P_6 = 1$.

(4) $\frac{\sqrt{3}}{3}$ 出现 4 次: $P_1P_5 = P_2P_6 = P_3P_6 = P_4P_5 = \frac{\sqrt{3}}{3}$.

(5) $\sqrt{\dfrac{7}{3}}$ 出现 5 次: $P_1P_2 = P_1P_6 = P_2P_4 =$

$P_3P_5 = P_3P_4 = \sqrt{\dfrac{7}{3}}$.

不难检验, 这六个点满足下列条件: 无三点共线, 无四点共圆, 无三点在以第四点为圆心的圆周上; 这六个点确定的 $\dbinom{n}{2} = \dbinom{6}{2} = 15$ 个距离中互异距离个数是 $n - 1 = 5$, 第 $i(i = 1, 2, 3, 4, 5)$ 个距离重复出现 i 次.

4.1.3　Erdős 四点集与 Erdős 五点集

Amir Jafari 与 Amin Najafi Amin 于 2016 年发表的论文就 $2 \leqslant n \leqslant 8$ 的情形全面论述了 Erdős n 点集的研究成果. $n = 2$ 是平凡情形, 对应的 Erdős 二点集由任意两个不重叠的点构成, Erdős 三点集由等腰但不等边的三角形顶点构成. 详见文献 (Jafari et al., 2016).

Erdős 四点集　在坐标平面中按以下规则确定四点 P_1, P_2, P_3, P_4. 不失一般, 首先设定两点 $P_1 = (0,0), P_2 = (1,0)$, 其间距离 $P_1P_2 = 1$, 设 $P_3 = \left(\dfrac{1}{2}, y_3 \right)$, 其中 y_3 可任意取值. 由此按 Erdős 四点集的定义, 确定第四点 P_4 的坐标, 使得三个互异距离各出现 1 次, 2 次与 3 次.

图 4.5 给出了三类 Erdős 四点集.

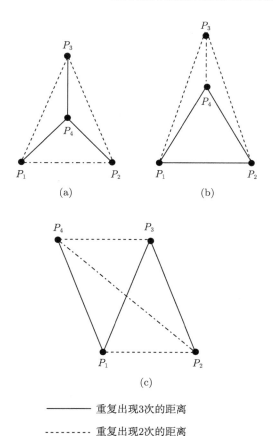

图 4.5   Erdős 四点集

(1) 如图 4.5(a) 所示. 在 P_1P_2 的中垂线上
任取一点为 $P_3\left(\dfrac{1}{2}, y_3\right)$，即任取 y_3 值，这时取三
角形 $P_1P_2P_3$ 三边中垂线的交点为 P_4. 这里不

妨取 $y_3 = \dfrac{1+\sqrt{2}}{2}$, 于是得四点的坐标如下:

$$P_1(0,0), \quad P_2(1,0),$$

$$P_3\left(\dfrac{1}{2}, \dfrac{1+\sqrt{2}}{2}\right), \quad P_4\left(\dfrac{1}{2}, \dfrac{1}{2}\right),$$

经计算知: 1 出现 1 次 (P_1P_2); $\dfrac{\sqrt{4+2\sqrt{2}}}{2}$ 出现 2 次 (P_1P_3, P_2P_3); $\dfrac{\sqrt{2}}{2}$ 出现 3 次 (P_1P_4, P_2P_4, P_3P_4).

(2) 如图 4.5(b) 所示. 取点 P_4 为 $\left(\dfrac{1}{2}, \dfrac{\sqrt{3}}{2}\right)$, 即 $P_1P_2P_4$ 为正三角形, $P_3\left(\dfrac{1}{2}, y_3\right)$ 的纵坐标不妨取为 $y_3 = \dfrac{\sqrt{3}+1}{2}$. 易知 $\dfrac{1}{2}$ 出现 1 次 (P_3P_4), $\dfrac{\sqrt{5+2\sqrt{3}}}{2}$ 出现 2 次 (P_1P_3, P_2P_3)1 出现 3 次 (P_1P_2, P_2P_4, P_4P_1).

(3) 如图 4.5(c) 所示. 注意这里设 $y_3 \neq \dfrac{\sqrt{3}}{2}$, 即 $P_1P_2P_4$ 不是正三角形, 取 P_4 的坐标为 $\left(-\dfrac{1}{2}, y_3\right)$, 于是 $P_1P_2P_3P_4$ 为平行四边形, $P_1P_2P_3$ 与 $P_3P_4P_1$ 是两个全等等腰三角形, 显然 P_1,

P_2, P_3, P_4 这四个点确定 3 个互异距离, 各出现 1 次 (P_2P_4), 2 次 ($P_1P_2 = P_3P_4$), 3 次 ($P_2P_3 = P_3P_1 = P_1P_4$).

Erdős 五点集 同样地, 首先设定两点 $P_1 = (0,0)$, $P_2 = (1,0)$, 其间距离 $P_1P_2 = 1$.

图 4.6(a) 中其余 3 点的坐标如下:

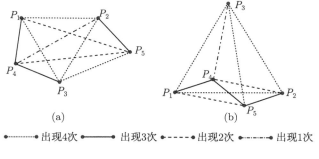

(a)　　　　　　　(b)

●┈┈┈●出现4次　●━━━●出现3次　●┅┅┅●出现2次　●┉┉┉●出现1次

图 4.6　Erdős 五点集

$$P_3\left(\frac{1}{2}, -\frac{\sqrt{3}}{2}\right),$$

$$P_4\left(\frac{1}{4}\left(1 - \sqrt{15 - 6\sqrt{5}}\right), \frac{1}{4}\left(-\sqrt{3} - \sqrt{5 - 2\sqrt{5}}\right)\right),$$

$$P_5\left(\frac{1}{8}\left(5 + \sqrt{5} + \sqrt{30 - 6\sqrt{5}}\right),\right.$$

$$-\frac{1}{4}\sqrt{13-5\sqrt{5}+\sqrt{150-66\sqrt{5}}}\Bigg).$$

经计算知 4 个互异距离分别出现 1, 2, 3, 4 次.

图 4.6(b) 中其余 3 点的坐标如下:

$$P_3\left(\frac{1}{2},\frac{\sqrt{3}}{2}\right),$$

$$P_4\left(\frac{5}{14},\frac{\sqrt{3}}{14}\right), \quad P_5\left(\frac{9}{14},-\frac{\sqrt{3}}{14}\right).$$

经计算知 4 个互异距离分别出现 1, 2, 3, 4 次.

4.2　互异距离

参见文献 (Honsberger, 1976).

定理 4.1　平面上 n 个点所确定的互异距离的个数 $k \geqslant \sqrt{n-\frac{3}{4}}-\frac{1}{2}$.

证明　设平面上 n 个点为 $p_1, p_2, \cdots, p_n$, 考虑这 n 个点的凸包, 即包含这 n 个点的最小凸集, 是一个凸多边形. 此时 $p_1, p_2, \cdots, p_n$ 中必有一点, 设为 p_1, 是凸包的顶点, 如图 4.7 所示. 注意, 凸多边形在 p_1 处的内角 $\alpha < 180°$. 现考虑由 p_1 出发的 $n-1$ 个距离, 即 $p_1p_2, p_1p_3, \cdots, p_1p_n$,

设其中有 k 个互异距离 $d_1, d_2, \cdots, d_k$, 且 $d_i(i = 1, 2, \cdots, k)$ 出现 f_i 次, 则有

$$f_1 + f_2 + \cdots + f_k = n - 1. \qquad (1)$$

设 $f_1, f_2, \cdots, f_k$ 中最大者为 z, 则有

$$f_1 + f_2 + \cdots + f_k \leqslant z + z + \cdots + z = kz. \qquad (2)$$

综合式 (1) 与式 (2) 可得

$$k \geqslant \frac{n-1}{z}. \qquad (3)$$

设出现 z 次的距离值为 r. 以 p_1 为圆心, 以 r 为半径作圆 $p_1(r)$, 则圆 $p_1(r)$ 经过给定点集中的 z 个点, 设为 $q_1, q_2, \cdots, q_z$. 因凸多边形在 p_1 处的内角 $\alpha < 180°$, 故 $q_1, q_2, \cdots, q_z$ 位于圆 $p_1(r)$ 的一个半圆上. 因此, $q_1q_2, q_1q_3, \cdots, q_1q_z$ 这 $(z-1)$ 个距离互异 (图 4.7).

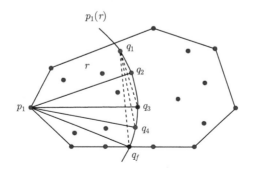

图 4.7 $(f-1)$ 个距离互异

因此互异距离总数 k 应满足

$$k \geqslant z - 1, \tag{4}$$

综合式 (3) 与式 (4) 即得

$$k \geqslant \max \left\{ z - 1, \frac{n-1}{z} \right\}. \tag{5}$$

当 $z - 1 = \dfrac{n-1}{z}$ 时, 考虑 z 的一元二次方程

$$z^2 - z - (n-1) = 0.$$

解此方程得

$$z = \frac{1}{2} \pm \sqrt{n - \frac{3}{4}}.$$

由于 $z \geqslant 1$, 故取

$$z_0 = \frac{1}{2} + \sqrt{n - \frac{3}{4}}.$$

易知 (图 4.8)

$$z < z_0 \text{ 时 } z - 1 < \frac{n-1}{z},$$

$$z = z_0 \text{ 时 } z - 1 = \frac{n-1}{z},$$

$$z > z_0 \text{ 时 } z - 1 > \frac{n-1}{z},$$

$$\max\left\{z-1,\frac{n-1}{z}\right\}$$

$$=\begin{cases}\dfrac{n-1}{z}, & z<\dfrac{1}{2}+\sqrt{n-\dfrac{3}{4}},\\[2mm] \begin{aligned}z-1&=\dfrac{n-1}{z}\\ &=\sqrt{n-\dfrac{3}{4}}-\dfrac{1}{2},\end{aligned} & z=\dfrac{1}{2}+\sqrt{n-\dfrac{3}{4}},\\[2mm] z-1, & z>\dfrac{1}{2}+\sqrt{n-\dfrac{3}{4}}.\end{cases}$$

所以

$$\max\left\{z-1,\frac{n-1}{z}\right\}\geqslant\sqrt{n-\frac{3}{4}}-\frac{1}{2}.$$

从而由式 (5) 可得

$$k\geqslant\sqrt{n-\frac{3}{4}}-\frac{1}{2}. \qquad\qquad \square$$

图 4.8 是按 $n=14$ 绘制的, 这时 $\sqrt{14-\dfrac{3}{4}}-\dfrac{1}{2}\approx3.14$, 故 14 点确定的 91 个距离中互异距离个数 $k\geqslant4$. 当 $n=4$ 时 $\sqrt{4-\dfrac{3}{4}}-\dfrac{1}{2}\approx1.30$, 故四点确定的 6 个距离中互异距离个数 $k\geqslant2$.

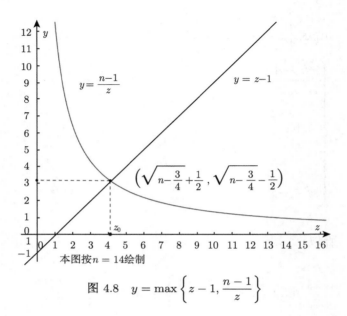

本图按 $n = 14$ 绘制

图 4.8 $y = \max\left\{z - 1, \dfrac{n-1}{z}\right\}$

4.3 距离的出现次数

关于平面上 n 个点所确定的距离中某一距离重复出现的次数, Erdős 于 1946 年证明了下述定理. 详见文献 (Erdős, 1946).

定理 4.2 平面上 n 个点所确定的距离中任一距离重复出现次数 $k < n^{\frac{3}{2}}$.

证明 n 个点所成的点集记为 $S = \{p_1, p_2, \cdots, p_n\}$. 设 S 中 n 个点所确定的距离中距离 r 出现次数为 k, 设 $x_i(i = 1, 2, 3, \cdots, n)$ 表示距离 r 在点 p_i 出现的次数, 即与 p_i 距离为 r

的点数, 则

$$k = \frac{1}{2}\sum_{i=1}^{n} x_i. \tag{6}$$

因按以上和式求和时每个点被计及 2 次, 故和式乘以 $\frac{1}{2}$. 不妨设

$$x_1 \geqslant x_2 \geqslant \cdots \geqslant x_n.$$

平面上 2 个点确定一个距离, 显然 $x_1 \geqslant 1$, $x_2 \geqslant 1$, 其他 x_i 可以是 0. 平面上 3 点确定的 3 个距离可以相等, 如正三角形的 3 个顶点, 但 $n \geqslant 4$ 时由定理 4.1 知互异距离个数不小于 2, 因此不可能所有 n 个点都是同一距离 r 的端点. 为得出 n 个点中所有同一距离 r 的端点, 分别以 $p_1, p_2, \cdots, p_n$ 为圆心, 以 r 为半径作圆 $p_1(r), p_2(r), \cdots, p_n(r)(n = 3$ 的情形如图 4.9 所示).

155

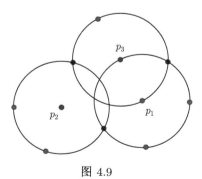

图 4.9

则在 $p_i(r)$ 的圆周上有 x_i $(i = 1, 2, \cdots, n)$ 个点, $x_i = 0$ 表明 p_i 不是距离 r 的端点. 下面

$p_i(r)$ 一般均指圆周.

设 z 是落在 $p_1(r), p_2(r), \cdots, p_n(r)$ 圆周上的点的总数 (非重复计数). 在 $p_1(r)$ 的圆周上有 $x_1 \geqslant 1$ 个点, 因此

$$z \geqslant x_1.$$

因为所作的 n 个圆可能相交, 所以在 $p_2(r)$ 上的 x_2 个点中至多可能有 2 个点也在 $p_1(r)$ 上. 故同时落在两个圆周 $p_1(r), p_2(r)$ 上 S 的互异点的总数至少是 $x_1 + (x_2 - 2)$, 由此得到

$$z \geqslant x_1 + (x_2 - 2).$$

在 $p_3(r)$ 圆周上的 x_3 个点中至多可能有 $2 \times 2 = 4$ 个点也在 $p_1(r), p_2(r)$ 上, 故在 $p_1(r), p_2(r), p_3(r)$ 三个圆周上 S 的互异点的总数至少是 $x_1 + (x_2 - 2) + (x_3 - 4)$, 从而

$$z \geqslant x_1 + (x_2 - 2) + (x_3 - 4).$$

依此类推, 我们有

$$z \geqslant x_1 + (x_2 - 2) + (x_3 - 4) + \cdots$$
$$+ [x_i - 2(i-1)] \quad (i = 1, 2, \cdots, n).$$

但 $z \leqslant n$, 因此,

$$\sum_{j=1}^{i} [x_j - 2(j-1)] \leqslant n \quad (i = 1, 2, \cdots, n). \quad (7)$$

注意 $\sqrt{n}$ 未必是整数, 设 $\sqrt{n} = m + \delta$, 其中 m 为 $\sqrt{n}$ 的整数部分, $0 < m < n$; δ 为 $\sqrt{n}$ 的

小数部分, $0 \leqslant \delta < 1$. 由此可得 $m = \sqrt{n} - \delta$, 从而 $m^2 = n - 2\delta\sqrt{n} + \delta^2$. 在式 (7) 中取 $i = m$ 即得

$$x_1 + (x_2 - 2) + (x_3 - 4) + \cdots + [x_m - 2(m-1)] \leqslant n,$$

由此得

$$\begin{aligned}
&x_1 + x_2 + \cdots + x_m \\
&\leqslant n + m^2 - m \\
&= n + (\sqrt{n} - \delta)^2 - m \\
&= n + n - 2\delta\sqrt{n} + \delta^2 - (\sqrt{n} - \delta) \\
&= 2n - 2\delta\sqrt{n} + (\delta^2 - \sqrt{n} + \delta).
\end{aligned}$$

注意到 $0 \leqslant \delta < 1$, 故 $0 \leqslant \delta^2 < 1$; 当 $n \geqslant 4$ 时 $\sqrt{n} \geqslant 2$. 从而 $\delta^2 - \sqrt{n} + \delta < 0$, 因此 $n \geqslant 4$ 时

$$\begin{aligned}
x_1 + x_2 + \cdots + x_m &< 2n - 2\delta\sqrt{n} \\
&= 2\sqrt{n}(\sqrt{n} - \delta) \\
&= 2m\sqrt{n}.
\end{aligned}$$

如此得到

$$x_1 + x_2 + \cdots + x_m < 2m\sqrt{n}. \tag{8}$$

由于

$$x_1 \geqslant x_2 \geqslant \cdots \geqslant x_n,$$

我们有

$$x_1 + x_2 + \cdots + x_m \geqslant x_m + x_m + \cdots + x_m = mx_m. \tag{9}$$

由式 (9) 与式 (8) 可得

$$mx_m < 2m\sqrt{n} \Rightarrow x_m < 2\sqrt{n},$$

又, 由

$$x_m \geqslant x_{m+1} \geqslant \cdots \geqslant x_n,$$

可得

$$x_{m+1} + x_{m+2} + \cdots + x_n$$
$$\leqslant (n-m)x_m < 2(n-m)\sqrt{n},$$

于是最后得到

$$\sum_{i=1}^{n} x_i = (x_1 + x_2 + \cdots + x_m)$$
$$+ (x_{m+1} + x_{m+2} + \cdots + x_n)$$
$$< 2m\sqrt{n} + 2(n-m)\sqrt{n}$$
$$= 2n\sqrt{n} = 2n^{\frac{3}{2}},$$

从而 $k = \dfrac{1}{2}\sum_{i=1}^{n} x_i < n^{\frac{3}{2}}.$ □

有关 Erdős 距离问题的综述 (Honsberger 1976) 中还给出了以下结论及其证明.

定理 4.3 平面上 n 个点所确定的距离中任一距离重复出现次数

$$k < \frac{1}{\sqrt{2}}n^{\frac{3}{2}} + \frac{n}{4}.$$

4.4 最 大 距 离

定理 4.4 平面上 n 个点所确定的距离中, 最大距离重复出现次数 $k \leqslant n$.

证明 (Hadwiger) 对 n 用归纳法证明. $n = 1, 2, 3$ 时为平凡情形, 结论成立. 现设 $n > 3$, 由结论对 $n - 1$ 成立推证结论对 n 成立, 即推证最大距离出现次数 $k \leqslant n$. 设 n 个点的集合为 $S = \{p_1, p_2, \cdots, p_n\}$, S 中的点所确定的最大距离为 r, 凡距离为 r 的两点 p_i, p_j 以线段 $p_i p_j$ 相连接, 这样的线段总数即 k.

(1) 如果由每个点出发的线段总数不超过 2, 则线段总数不超过 $\dfrac{2n}{2} = n$, 即最大距离总数 $k \leqslant n$.

(2) 如果由某点, 如 p_1, 出发的线段至少有 3 条, 不妨设其中三条为 $p_1 p_i, p_1 p_j, p_1 p_k$, 由于点集 S 中任何两点间的距离都不超过最大距离 r, 可设 p_j 落在夹角 $\angle p_i p_1 p_k$ 中, 如图 4.10 所示, 这里 $\angle p_i p_1 p_k$ 必为锐角, 否则钝角所对的边 $p_i p_k$ 大于 r, 与 r 为最大距离矛盾. 这时若有 p_m 使得 p_m 与 p_j 的距离为 r, 则 $p_j p_m$ 必与 $p_1 p_j, p_1 p_k$ 两者相交, 因长为 r 的两个线段如不相交, 则这两个线段的端点中必有一对点其间距离大于 r,

159

与 r 的定义矛盾; 由 p_1p_m 与 p_1p_j, p_1p_k 两者均相交可知, p_m 必与 p_1p_j, p_1p_k 两者的公共点 p_1 重合 (图 4.10). 因此删去点 p_1p_j 只减少一条长为 r 的线段, 由归纳假设知, 剩下的 $n-1$ 个点确定至多 $n-1$ 个长为 r 的线段, 由此即可推断, n 个点确定的最大距离出现次数 $k \leqslant (n-1)+1 = n$. □

特殊点集构造方法 对于任意的 n, 我们总可以构造一个特殊的 n-点集, 该点集所确定的距离中, 最大距离 r 恰出现 n 次. 构造方法如下.

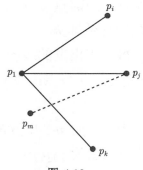

图 4.10

取一点 p_1, 以 p_1 为圆心, r 为半径作圆 $p_1(r)$, 在圆周上依次取 p_2, p_3, $\cdots$, p_n, 共 $n-1$ 个点, 其中 p_2 与 p_n 的距离为 r. 显然, 这样构造的 n-点集 $\{p_1, p_2, \cdots, p_n\}$ 确定的距离中, 最大距离为 r, 且 r 恰出现 n 次 (图 4.11).

这表明, 本定理结论中 n 是最佳的.

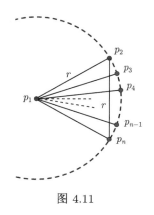

图 4.11

4.5 最小距离

下面定理 4.5 的证明用到图论中的欧拉公式, 为此陈述几个图论的概念. 一个图 G 由两部分构成: 有限个点与连接其中某些点的边, 其中的点称为图的顶点, 边称为图的边. 图的顶点的个数记为 v, 边数记为 e. 如果图 G 的任意两条边除图的顶点外没有公共点, 即任意两条边不交叉, 则称 G 为可平图. 平面被图 G 的边划分成的区域称为图的面, 其中包括一个无界面, 图的面的个数记为 f. 如果图 G 的任意两个顶点都可由图的边组成的路径相连接, 称这个图是连通图, 否则称该图为不连通图. 一个不连通图可以看成由若干连通图组成, 称这些连通图为图 G 的连通分支, 这些连通分支相互间没有公共顶点. 不连通图的连通分支的个数用 c 表示. 图

4.12 中 G 是一个不连通图, 将其中 c 个分支用 $c-1$ 条额外的边 (图 4.12 中用虚线表示者) 串联后即得连通图 G'. 这些额外的边并不增加图 G 的面, 所以 G' 的面数与 G 面数相同, 两者的顶点数也相同, 连接 c 个分支新增了 $c-1$ 条边, 故两者的边数不同.

欧拉公式 设可平图 G 为连通图, v 为顶点数, e 为边数, f 为面数, 则有

$$v - e + f = 2,$$

不难验证, 欧拉公式对图 4.12 中的图 G 不适用, 因为 G 不是连通图; G' 是连通图, 可以对 G' 运用欧拉公式. 这正是定理证明中的关键一步.

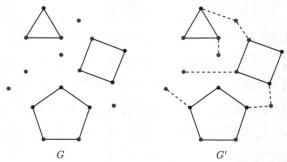

图 4.12

定理 4.5 n-点集所确定的距离中最小距离 r' 重复出现的次数 $k \leqslant 3n - 6$.

证明 设 n-点集为 $S = \{p_1, p_2, \cdots, p_n\}$, 以线段 $p_i p_j$ 连接 $p_i, p_j \in S$, 当且仅当 $p_i p_j$ 是最小距离 r'. 这样就得到一个图 G, 其顶点是

n-点集 S 中的点, 其边是长度为 r' 的线段. 首先证明 G 是一个可平图, 即 G 的任何两边不相交叉.

用反证法, 设 G 的边 p_1p_2 与 p_3p_4 相交于点 O(图 4.13), 由三角形三边关系, 有

$$Op_1 + Op_3 > p_1p_3, \text{ 且 } Op_2 + Op_4 > p_2p_4,$$

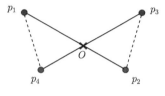

图 4.13

等式两边分别相加得

$$p_1p_2 + p_3p_4 > p_1p_3 + p_2p_4.$$

注意到 p_1p_2, p_3p_4 是图 G 的边, 长度均为 r', 于是有

$$2r' > p_1p_3 + p_2p_4.$$

因此, 在 p_1p_3 或 p_2p_4 中, 至少有一个小于 r', 与 r' 是最小距离矛盾. 所以 G 是一个可平图.

下面要用到欧拉公式. 注意欧拉公式只适用于连通可平图. 如果图 G 不是连通图, 设其由 c 个连通分支构成, 可添加 $c-1$ 个边, 将这些分支连接, 得到一个连通图 G'(图 4.12). 现可对 G' 用欧拉公式.

设图 G 的顶点数、边数、面数分别为 v, e, f, 因新添加的边不围成 G' 的面, 故图 G' 与图 G

的面数相同, 也是 f, 而 G' 的边数是 $e + (c - 1)$, G' 的顶点数是 v, 对图 G' 应用欧拉公式, 有

$$v - (e + c - 1) + f = 2 \Longrightarrow e = v + f - c - 1.$$

因为 $c \geqslant 1$, 故有

$$e \leqslant v + f - 2.$$

又因为至少有 3 条边才能构成一个面, 所以 G 中的 f 个面至少包含着 $3f$ 条边, 又由于一条边至多为 2 个面所共有, 故有

$$3f \leqslant 2e \Longrightarrow f \leqslant \frac{2}{3}e,$$

相应地有

$$e \leqslant v + f - 2 \leqslant v + \frac{2}{3}e - 2.$$

得

$$\frac{e}{3} \leqslant v - 2 \Longrightarrow e \leqslant 3v - 6.$$

因图的顶点数 $v = n$, 图的边数 e 就是最小距离 r' 出现的次数 k, 由 $e \leqslant 3v - 6$ 即得

$$k \leqslant 3n - 6. \qquad \square$$

4.6 平面等腰集

设 $k \geqslant 3$, 称平面上的有限点集为 k-等腰集, 若该点集的任何 k 点包含 3 点, 其中一点到其余两点的距离相等, 即三点是一个等腰三角形

的顶点. 设 R_n 表示正 n-边形的顶点集, R_n^+ 表示 R_n 添加其中心所得点集. 容易验证, 图 4.14 中的两个 8-点集都是 4-等腰集: 从中任取 4 点, 其中必有 3 点是等腰三角形的顶点, 或者说必有三点构成等腰三角形. R_5^+ 是 3-等腰 6-点集. 详见文献 (Fishburn, 1998).

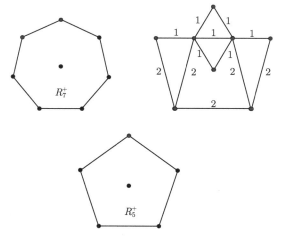

图 4.14 4-等腰 8-点集与 3-等腰 6-点集

定理 4.6 3-等腰的 5-点集仅有以下三种: R_4^+, R_5 以及由 R_5^+ 中任意删去一点所得到的点集.

证明 设给定的 5-点集 $X = \{1, 2, 3, 4, 5\}$ 是 3-等腰集, 往证 X 必为上述三者之一. 在点集 X 中任选一点, 与该点距离相同的点可能有多个, 用 m 表示在 X 中与一点距离相同的最大点数. 两点 x, y 间的距离用 $d(x, y)$ 表示.

(1) $m = 4$, 即 X 中恰有 4 点与其余一点距离相等: 显然这时只有两种可能, X 是 R_4^+ 或由 R_5^+ 中任意删去一点所得到的点集.

(2) $m = 2$, 即 X 中恰有 2 点与其他某点距离相等: X 中的 5 点可组成 10 个三元组, 对每个 $i \in X$, $X \setminus \{i\}$ 有一个分划 $\{\{x, y\}, \{z, w\}\}$, 其中

$$d(i, x) = d(i, y) \neq d(i, z) = d(i, w),$$

由 $d(1, 2) = d(1, 3) = a, d(1, 4) = d(1, 5) = b, a \neq b$ 开始, 逐步推演可知 X 仅确定距离 a 与 b, 根据 Erdős 与 Fishburn 1996 年的结果, $X = R_5$.

(3) $m = 3$, 即 X 中恰有 3 点与其他某点距离相等: 不妨设 $d(1, 2) = d(1, 3) = d(1, 4) = a$, $d(1, 5) = b, a \neq b$, 于是对每个 $i \in \{2, 3, 4\}$, 或 $d(i, 5) = d(i, 1) = a$, 或 $d(i, 5) = d(1, 5) = b$, 后者导致对所有 i 的三个值有 $m = 4$, 故可设 $d(2, 5) = d(2, 1) = a$. 若对 $i = 3, 4$ $d(i, 5) = d(i, 1)$, 则 $2, 3, 4$ 共线, 与 $2, 3, 4$ 同在一个以 1 为中心的圆周上相矛盾, 故可设 $d(3, 5) = b$, 由此易知, $d(4, 5) = d(4, 1) = a, d(4, 5) = d(1, 5) = b$ 导出矛盾. 当 X 是 3-等腰时不可能有 $m = 3$. □

Fishburn 曾提出过以下问题: ①是否存在无四点共圆的 4-等腰 7-点集? ②是否存在无三点

共线无四点共圆的 4-等腰 6-点集? 2001 年 Kojdjaková 回答了问题①, Kojdjaková 与 Bálint 合作回答了问题②.

定理 4.7 存在无四点共圆的4-等腰7-点集.

证明 如图 4.15 所示. 作一直线, 在直线上取四点 P_1, P_2, P_3, P_4, 使得 $d(P_1, P_2) = d(P_2, P_3) = d(P_3, P_4) = 1$. 设 k_1 是以 P_1 为圆心以 3 为半径的圆, k_2 是以 P_4 为圆心以 3 为半径的圆, m_{12} 是线段 $P_1 P_2$ 的中垂线, m_{24} 是线段 $P_2 P_4$ 的中垂线, P_5, P_5^* 是 m_{12} 与 k_2 的两个交点, P_6, P_6^* 是 m_{24} 与 k_1 的两个交点. 容易验证,

$$\{P_1, P_2, P_3, P_4, P_5, P_6, P_5^*\}$$

与 $\{P_1, P_2, P_3, P_4, P_5, P_6, P_6^*\}$

均是无四点共圆的 4-等腰 7-点集. □

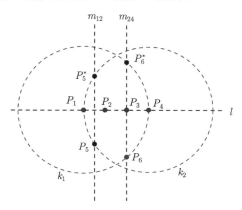

图 4.15 无四点共圆的 4-等腰 7-点集

定理 4.8 存在无三点共线无四点共圆的 4-等腰 6-点集.

证明 如图 4.16 所示. 在平面上作一圆, 设圆心为 P_4, 在圆周上取三点 P_1, P_2, P_3, 使得 $|P_3P_1| = |P_3P_2|$. 作线段 P_3P_4 的中垂线 m_{34}, 线段 P_1P_4 的中垂线 m_{14}, 两者的交点记为 P_5, 最后作 P_2P_5 的中垂线 m_{25}, 在中垂线 m_{25} 上任取不落在直线 $P_iP_j(i, j = 1, 2, 3, 4, 5; i \neq j)$ 中的一点为 P_6. 容易验证, 这样得到的 6-点集 $\{P_1, P_2, P_3, P_4, P_5, P_6\}$ 是 4-等腰 6-点集. □

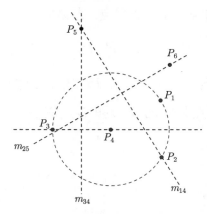

图 4.16 无三点共线无四点共圆的 4-等腰 6-点集

5 平面中的点与直线

5.1 有趣的平面划分问题

问题 5.1 ①平面上 $n(n \geqslant 1)$ 条直线可将平面划分成多少个互不重叠的 (内部不交的) 区域？②何种条件下区域个数最大？何种条件下区域个数最小？

针对问题 5.1(①) 我们给出下述结论.

定理 5.1 平面上 $n(n \geqslant 1)$ 条直线若处于一般位置, 即其中无三条直线共点 (交于一点), 无两条直线平行, 则将平面划分成 f_n 个互不重

叠的 (内部不交的) 区域:

$$f_n = \frac{n^2 + n + 2}{2} = \binom{n}{2} + n + 1.$$

证明一 (图 5.1) 显然 $f_1 = 2, f_2 = f_1 + 2 = 4.$ 前 $n - 1$ 条直线将平面划分为 f_{n-1} 个区域, 第 n 条直线与前 $n - 1$ 条直线中的每一条相交, 从而被划分为 n 段, 每一段将其所在区域划分为两个区域, 于是区域数增加 $n.$ 由此得到递推公式 $f_n = f_{n-1} + n.$

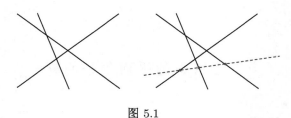

图 5.1

根据以上递推公式我们有

$$
\begin{aligned}
f_n &= f_{n-1} + n \\
&= f_{n-2} + (n - 1) + n \\
&= f_{n-3} + (n - 2) + (n - 1) + n \\
&= \cdots \\
&= f_1 + 2 + 3 + \cdots + (n - 2) + (n - 1) + n
\end{aligned}
$$

$$=2+2+3+\cdots+n$$
$$=1+(1+2+3+\cdots+n)$$
$$=1+\frac{n(n+1)}{2}$$
$$=\frac{n^2+n+2}{2}=\binom{n}{2}+n+1. \qquad \square$$

这里另外提供一个巧妙的证明.

证明二 (Bogomolny)(图 5.2)   设 n 条直线处于一般位置, 即无三线共点且无二线平行, 适当旋转这些直线所在坐标平面, 使得 n 条直线中无任何直线处于水平位置. 这样就可将直线划分出的不重叠区域分为两类: 一类区域有最低顶点, 另一类则无最低顶点. 因 n 条直线中任两条有一交点, 故有最低顶点的区域个数即交点的个数 $\binom{n}{2}$. 在所有交点下方作一条水平线, 则水平线与 n 条直线均相交, 并被划分为 $n+1$ 段, 每一段对应于一个无最低点区域, 故无最低点的区域个数是 $n+1$, 两类区域的总数即 $f_n = \binom{n}{2}+n+1.$ $\qquad \square$

现在讨论问题 5.1(②). 在以上讨论的基础上如果允许有直线平行, 则对给定的 n, 区域数 f_n 会减少, 事实上每一对平行线使得区域数减

少 1, 设有 k 对平行线, 则

$$f_n = \frac{n^2 + n + 2}{2} - k.$$

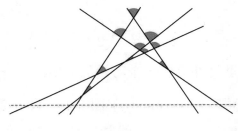

图 5.2

如果所有 n 条直线相互平行, 即有 $\binom{n}{2}$ 对平行线, 则划分区域数

$$f_n = \frac{n^2 + n + 2}{2} - \binom{n}{2} = n + 1,$$

这与直观图示完全一致.

如果允许有三条或三条以上直线共点, 显然区域数也会减少, 如所有 n 条直线交于一点, 则平面被划分为 $2n$ 个区域.

由以上分析可知

$$n + 1 \leqslant f_n \leqslant \frac{n^2 + n + 2}{2}.$$

最后结论是: 平面上 n 条直线处于一般位置时, 划分所得互不重叠区域的个数最大, 是

$\dfrac{n^2+n+2}{2}$; n 条直线相互平行时, 划分所得互不重叠区域的个数最小, 是 $n+1$. 这里自然要提出一个很有意义的问题: 如果对 n 条直线不加 "处于一般位置" 这一限制, 什么样的数可以是划分所得互不重叠区域的个数?

图 5.3 说明 $n=4$ 时划分所得不重叠区域个数: 5, 8, 8, 9, 10, 11.

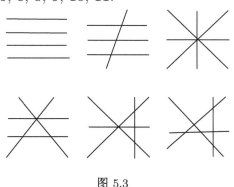

图 5.3

由表 5.1 可以发现划分所得互不重叠区域数 (简称区域数) 的几条有趣的性质, 见文献 (Ivanov, 2010).

(1) 对每个 n, 存在一个正整数 α_n, 使得 α_n 与 $\dfrac{n^2+n+2}{2}$ 之间的整数都是区域数, 如 $n=6$ 时 $\alpha_n=15$, $\dfrac{n^2+n+2}{2}=22$, 表 5.1 中显示 15

与 22 之间 (含 15, 22) 所有整数均为区域数.

表 5.1

n	划分所得互不重叠区域个数
1	2
2	3, 4
3	4, 6, 7
4	5, 8, 9, 10, 11
5	6, 10, 12, 13, 14, 15, 16
6	7, 12, 15, 16, 17, 18, 19, 20, 21, 22

(2) 小于 α_n 的数中一个是 $n+1$, 是所有 n 条直线相互平行时的区域数; 一个是 $2n$, 是所有 n 条直线交于一点, 或除一条直线外其余 $n-1$ 条直线相互平行时的区域数.

(3) n 条直线中 $n-1$ 条直线共点, 这时若剩余一条直线与其余直线中某一条平行, 则区域数是 $3n-3$, 若剩余一条直线不与其余直线中任一条平行, 则区域数是 $3n-2$.

(4) $n \geqslant 5$ 时 $2n+1$ 与 $3n-4$ 之间 (含该二数) 的任何数均不可能是区域数.

问题 5.2 (a) 凸 $n-$ 边形的对角线可将该多边形划分为多少个不重叠的区域? (b) 何种条件下划分所得不重叠区域个数最大?

图 5.4 显示, 四边形的对角线将其内部划分为 4 个区域, 五边形的对角线将其内部划分为 11 个区域, 六边形无三条对角线共点, 无两条对角线平行, 被对角线划分成 25 个区域, 这里的多边形均指凸多边形.

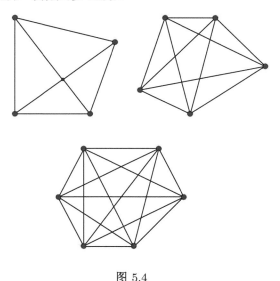

图 5.4

如果多边形有三条对角线共点, 或有两条对角线平行, 则对角线划分所得区域个数会减少. 附带指出, 有四条或四条以上的对角线交于一点当然也归属 "有三条对角线交于一点" 的情形. 例如, 图 5.5(a) 中的六边形有三条对角线共点, (b) 中的六边形有两条对角线平行, (c) 中给出

的是正六边形, 有三条对角线共点, 三组对角线
平行, 三种情况下对角线划分所得区域个数都小
于 25.

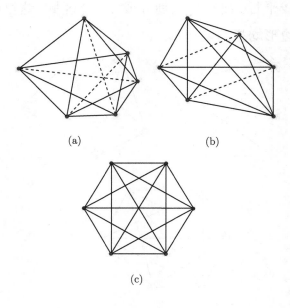

图 5.5

综合以上讨论我们看到, 当多边形的对角线
无三条共点且无两条平行时, 划分所得区域个数
最大.

定理 5.2 平面上凸 n-边形中无三条对角
线共点, 无两条对角线平行, 则对角线将该多边
形划分成 g_n 个互不重叠的 (内部不交的) 区域:

$$g_n = \binom{n}{4} + \binom{n-1}{2}.$$

证明一   可以证明, n-边形经对角线划分所得不重叠的区域均为凸多边形 (见定理 5.3), 不妨称之为"小多边形", 设其中 $k-$ 边形的个数为 $n_k(k = 1, 2, \cdots, m)$, m 表示划分所得小多边形的最大边数. 易知

$$3n_3 + 4n_4 + \cdots + mn_m$$

表示 n-边形经对角线划分所得内部顶点与 n-边形的顶点的总数, 其中含重复计数. 现分析重复计数情况: 每个内部顶点是两条对角线的交点, n-边形的每四个顶点确定一个内部顶点, 故内部顶点总数是 $\binom{n}{4}$, 每个内部顶点是 $n-$ 边形经划分所得四个小多边形的公共点, 因而每个内部顶点被计及四次; 此外由原 n-边形每个顶点出发的对角线共计 $n-2$ 条, 是 $n-2$ 个三角形区域的公共顶点, 由此可知原 n 边形的每个顶点被计及 $n-2$ 次, 这样就得到

$$3n_3 + 4n_4 + \cdots + mn_m$$

$$= 4(内部顶点个数)$$

$$+ (n-2)(原n\text{-}边形顶点个数),$$

即

$$3n_3 + 4n_4 + \cdots + mn_m = 4\binom{n}{4} + (n-2)n. \quad (1)$$

下面考虑所有小多边形的内角. k-边形的内角和为 $(k-2)180°$, 所有小多边形内角之和是

$$n_3 \cdot 180° + n_4 \cdot 360° + \cdots + n_m(m-2) \cdot 180°,$$

这里并无重复计数. 每个内部顶点所关联的四个角之和为 $360°$, $\binom{n}{4}$ 个内部顶点所关联的内角之和是 $360\binom{n}{4}$ 度, 原 n-边形 n 个顶点所关联的三角形内角和为 $(n-2)180°$, 因此

$$n_3 \cdot 180 + n_4 \cdot 360 + \cdots + n_m(m-2) \cdot 180$$
$$= \binom{n}{4}360 + (n-2)180,$$

等式两边除以 180 得

$$n_3 + 2n_4 + \cdots + (m-2)n_m = 2\binom{n}{4} + (n-2). \quad (2)$$

式 (1) 减式 (2), 有

$$2n_3 + 2n_4 + \cdots + 2n_m = 2\binom{n}{4} + (n-1)(n-2).$$

$$(3)$$

式 (3) 两边除以 2 即得定理结论:

$$g_n = n_3 + n_4 + \cdots + n_m = \binom{n}{4} + \binom{n-1}{2}. \quad \Box$$

证明二 这里用到有关平面图的欧拉公式: $f = e - v + 2$, 其中 f 表示平面图中的区域数, e 表示平面图中的边数, v 表示平面图中的顶点数. 特别要指出的是, f 个区域中包括一个边界以外的无界区域. 现以图 5.4 或图 5.5 中任一多边形为例, 考虑凸 n-边形及其对角线所确定的平面图, 注意 "无三条对角线交于一点" 与 "无两条对角线平行" 的条件, 每两条对角线确定一个交点, 平面图的 v 个顶点由两部分构成: 凸多边形的 n 个顶点与对角线的 $\binom{n}{4}$ 个交点, 故有

$$v = n + \binom{n}{4}.$$

现考虑平面图的边数 e: 凸 n 边形的每个顶点与平面图的 $n-1$ 条边关联, 共计 $n(n-1)$ 条边; 每个对角线交点与平面图的 4 条边关联, 共计 $4\binom{n}{4}$ 条边, 但这样计数时平面图的每条边

被计及 2 次, 故平面图的边数

$$e = \frac{1}{2}\left(n(n-1) + 4\binom{n}{4}\right),$$

从而有

$$f = e - v + 2$$

$$= \frac{n(n-1) + 4\binom{n}{4}}{2} - n - \binom{n}{4} + 2$$

$$= \frac{n(n-1)}{2} + \binom{n}{4} - n + 2$$

$$= \binom{n}{4} + \binom{n-1}{2} + 1,$$

值得注意的是, 这里因运用欧拉公式, 计入了一个无界区域, 最后得到

$$g_n = \binom{n}{4} + \binom{n-1}{2}. \qquad \square$$

5.2 直线配置问题

给定平面上 n 条直线所构成的集合 $H = \{h_1, h_2, \cdots, h_n\}$, H 将平面划分为有限个具有顶点与边的凸区域, 这一划分称为由 H 生成的一个直线配置 (arrangement of lines), 记为 $\mathbb{A}(H)$.

许多计算机科学的理论问题与计算机图形学研究都涉及直线配置问题, 参见文献 (Grünbaum, 1972).

H 中两条直线的交点称为配置 $\mathbb{A}(H)$ 的顶点, 其个数记为 $\phi_0(\mathbb{A}(H))$, 不引起混淆时可简记为 ϕ_0. 两个顶点确定的线段 (其内部不含其他顶点) 称为 $\mathbb{A}(H)$ 的有界边, 由一个顶点引向无穷远点的线段 (其内部不含任何顶点) 称为 $\mathbb{A}(H)$ 的无界边, $\mathbb{A}(H)$ 的两类边的总数记为 $\phi_1(\mathbb{A}(H))$, 简记为 ϕ_1. 由 H 中的直线形成的内部不含配置 $\mathbb{A}(H)$ 的任何顶点与边的最大区域称为该配置的面. 注意, 同配置 $\mathbb{A}(H)$ 的边一样, 配置的面也分为两类: 由配置的有界边形成的区域为有界面, 其他类型的面即为无界面. 配置的面数记为 $\phi_2(\mathbb{A}(H))$, 简记为 ϕ_2. 一个顶点是某个边的端点时称该顶点与该条边关联, 一个顶点可与多个边关联; 一个边若是一个面的边界的一部分, 则称该边与该面关联, 一个边恰与两个面关联.

若 H 中任二直线恰相交于一点, 无三条直线交于一点, 则称 $\mathbb{A}(H)$ 为简单配置.

若两个配置的顶点、边、面之间存在保持关

联关系的 1-1 对应, 则称两个配置同构. 前面讨论的问题 5.1 就是一个典型的直线配置问题. 见图 5.1, 5.2 及 5.3.

定理 5.3 若 H 为 n 条直线的集合, 则配置 $\mathbb{A}(H)$ 中由 H 生成的面均为凸多边形.

证明 这是一个很直观的命题, 现用反证法证明如下. 设 F 为配置 $\mathbb{A}(H)$ 中的一个面, 该面不是凸集, 则 F 中必有两点 u, v, 连接 u, v 的线段不完全落在 F 中, 于是必有 H 中的直线 l 与线段 uv 相交, 因直线无限延伸, u, v 落在直线 l 的两侧, 因而 u, v 不可能落在配置的同一个面中, 矛盾. □

定理 5.4 若 H 为 n 条直线的集合, $\mathbb{A}(H)$ 为简单配置, 则

(1) 配置的顶点数 $\phi_0 = \dfrac{n(n-1)}{2}$.

(2) 配置的边数 $\phi_1 = n^2$.

(3) 配置的面数 $\phi_2 = \dfrac{n^2 + n + 2}{2}$.

证明 (1) 配置的顶点个数事实上就是 H 中直线的交点个数, 因在简单配置中 H 的任两条直线相交于唯一的一点, 因此顶点个数等于 $\dbinom{n}{2} = \dfrac{n(n-1)}{2}$.

(2) 用归纳法证明. $n = 1$ 时 H 中仅有一条直线, 因而配置仅有一条边, $n^2 = 1$, 结论成立, 这是平凡情形; $n = 2$ 时, 两条直线相交得出配置的四条边, 即 n^2 条边, 结论成立. 归纳假设: 设 $n-1$ 条直线的简单配置的边数为 $(n-1)^2$, 现添加第 n 条边, 这条边与前 $n-1$ 条直线的每一条直线相交, 从而与原有配置的 $n-1$ 个边相交, 因配置是简单配置, 不可能有三线共点, 故与第 n 条相交的原有配置的 $n-1$ 个边被一分为二, 如此边数增加 $n-1$; 另一方面第 n 条直线自身又被与之相交的前 $n-1$ 条直线划分为 n 条新边, 因此总的边数

$$\phi_1 = (n-1)^2 + (n-1) + n$$
$$= n^2 - 2n + 1 + 2n - 1 = n^2.$$

(3) 事实上定理 5.1 已给出了这一结论. 这里另提供归纳法证明如下. $n = 1$ 时一条直线将平面划分为 2 个面; $n = 2$ 时两条直线相交将平面划分为 4 个面;

$$\phi_2 = \frac{n^2 + n + 2}{2} = \frac{2^2 + 2 + 2}{2} = 4$$

结论成立. 归纳假设: 设 $n-1$ 条直线的配置中

面数为 $\dfrac{(n-1)^2+(n-1)+2}{2}$, 现添加第 n 条直线, 这条新增直线被前 $n-1$ 条直线划分为 n 个边, 这 n 个新边又将其所在的面一分为二, 如此增加了 n 个新面, 因此总的面数

$$\phi_2 = \dfrac{(n-1)^2+(n-1)+2}{2}+n$$

$$= \dfrac{n^2+n+2}{2}. \qquad \square$$

简单配置的顶点数、边数与面数显然均不小于非简单配置的顶点数、边数与面数, 故有下面结论.

定理 5.5 若 H 为 n 条直线的集合, 则对任何 $\mathbb{A}(H)$ 有

(1) $\phi_0 \leqslant \dfrac{n(n-1)}{2}$.

(2) $\phi_1 \leqslant n^2$.

(3) $\phi_2 \leqslant \dfrac{n^2+n+2}{2}$.

现以 $n=5$ 条直线为例, 说明简单配置与非简单配置中 ϕ_0, ϕ_1, ϕ_2 的计算结果, 如图 5.6 所示.

图 5.6(a) 为 5 条直线的简单配置, 按公

式有

$$\phi_0 = \frac{5(5-1)}{2} = 10, \quad \phi_1 = 5^2 = 25,$$

$$\phi_2 = \frac{5^2 + 5 + 2}{2} = 16.$$

图 5.6(b) 为 5 条直线的非简单配置, 易知 $\phi_0 = 7, \phi_1 = 20, \phi_2 = 14$.

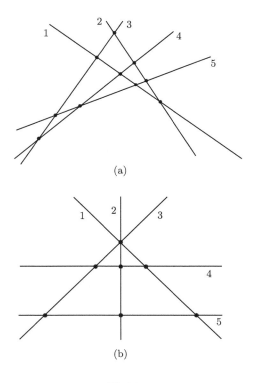

图 5.6

5.3 Sylvester-Gallai 定理

1893 年英国数学家 J.J. Sylvester (1814—1897) 提出如下猜想:

任意给定平面上有限个点, 连接其中任意两点的直线上均有给定点中的第三点, 则所有点必在同一条直线上.

任给平面上有限个点, 恰通过其中两点的直线称为寻常直线 (ordinary line). Sylvester 猜想也可表述如下:

任给平面上不共线的有限个点, 这些点必可确定一条寻常直线.

此后 Sylvester 猜想长期未获得证明, 甚至逐渐被人淡忘, 直到 1933 年 Erdős 独立地再次提出这一问题, 同年 Gallai 首次给出了证明, 因而相关定理也称为 Sylvester-Gallai 定理. 随后不同证明不断涌现.

定理 5.6 (Sylvester-Gallai 定理)   设 P 为平面有限点集, 连接 P 中任意两点的直线上均有 P 的第三点, 则 P 中所有点必共线, 即所有点必在同一条直线上.

证明一 (Gallai) 用反证法. 设 P 满足定理条件, 但结论不成立, 即 P 中的点不全在同一直线上. 从而 P 中每两点确定一直线, 设 P 中的点确定 $n \geqslant 2$ 条互异直线, 记为 $L_1, L_2, L_3, \cdots,$ L_n, 每条这样的直线 L_i 外必有 P 的点, 设其中与 L_i 最近的点为 p_i $(i = 1, 2, 3, \cdots, n)$. 令 $d(p_i, L_i)$ 表示点 p_i 与直线 L_i 的距离, 简记为 d_i, 这样就有 n 个点-线距离 $d_1, d_2, \cdots, d_n$, 不失一般性, 设 d_1 是其中最小者, 即

$$d_1 = d(p_1, L_1) = \min\{d_i : i = 1, 2, 3, \cdots, d_n\}.$$

由定理条件, 两点确定的直线上必有第三点, 故直线 L_1 上至少有三个互异点, 设为 p, w, q. 根据点 p_1 在 L_1 上的垂足与这三点的相对位置, 可分为三种情形 (图 5.7):

(1) 三点 p, w, q 中有一点落在垂足: 设 q 落在垂足的位置, 如图 5.7(a) 所示, 设 $L_1, L_2,$ $L_3, \cdots, L_n$ 中过 p_1, w 的直线为 L, 注意到直角三角形中直角边小于斜边, 于是 $d(q, L) < d_1$, 与 d_1 的最小设定矛盾. 类似地, 由 p, w 落在垂足的位置也可推出矛盾.

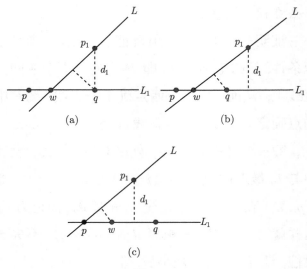

图 5.7

(2) 三点 p, w, q 全部落在垂足同一侧: 设 p, w, q 落在垂足的左侧, 如图 5.7(b) 所示, 设过 p_1, w 的直线为 L, 则 $d(q, L) < d_1$, 矛盾. 类似地, 由 p, w, q 落在垂足右侧也可推出矛盾.

(3) 垂足一侧含两点, 另一侧含一点: 设 p, w 落在垂足的左侧, q 落在垂足的右侧, 如图 5.7(c) 所示, 设过 p_1, p 的直线为 L, 则 $d(w, L) < d_1$, 矛盾. 类似地, 由两点落在垂足右侧, 另一点落在垂足左侧也可推出矛盾. □

证明二 如前所述, 我们只需证明: 任给平面上不共线的有限点集 P, P 中的点必可确定一条寻常直线, 即恰好通过 P 中两点的直线 ①.

P 中有限个点确定有限条直线. 设 p 为 P 中的点, 直线 L 至少过 P 中的两点, 但 p 不在 L 上 (图 5.8), 设 p 至 L 的距离 d 为最小的点–线距离. 下证 L 恰通过 P 中的两点. 若否, 即 L 至少通过 P 中的三点, 考虑 p 在 L 上的垂足, 则在直线 L 上必有垂足的一侧含 P 的两个点, 设为 q, r. 不失一般, 设其中 r 与垂足的距离更小或与垂足重合, 过 q, p 的直线记为 L', 则 r 与 L' 的距离 $d' < d$, 与 d 的最小性矛盾. □

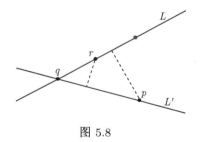

图 5.8

由定理 5.6 可推出以下结果.

定理 5.7　平面上不全在同一直线上的互异的 n 个点至少确定 n 条互异直线, 其中 $n \geqslant 3$.

证明　设所给点集为 P, $|P| = n \geqslant 3$. 对 n 用归纳法证明.

①这一证明是 L.M. Kelly 在 1944 年至 1948 年期间发现的.

$n = 3$ 时命题显然成立.

归纳假设: 设 $|P| = n - 1$ 时命题成立, 即不全在同一直线上的 $(n-1)$ 个互异的点确定至少 $\geqslant n - 1$ 条互异直线. 现考虑 $|P| = n \geqslant 3$ 的情形. 由 Sylvester 定理知, 存在 $x, y \in P$, 使得 x, y 确定的直线 L_0 上不含 P 中的其他点; 否则, 过 P 中任两点的直线上有 P 的第三点, 于是 P 中所有点在同一条直线上, 与定理条件矛盾. 现考虑点集 $P - \{x\}$.

情形 1 $P - \{x\}$ 的所有 $n - 1$ 个点在同一条直线 L 上. 连接 x 与 L 上的各点得 $n - 1$ 条直线, 包括 L_0, 再添加直线 L, 共计 n 条互异直线, 参见图 5.9(a).

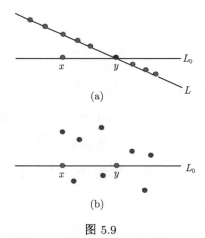

(a)

(b)

图 5.9

情形 2 $P-\{x\}$ 的点不全在同一条直线上. 点集 $P-\{x\}$ 共有 $n-1$ 个点, 参见图 5.9(b). 由归纳假设, $P-\{x\}$ 确定至少有 $n-1$ 条互异直线. 注意到 L_0 除 x,y 外不含 P 的其他点, 故仅含 $P-\{x\}$ 的一个点 y, 因此 L_0 不是 $P-\{x\}$ 中两点确定的直线. 由此可知 P 所确定的互异直线条数至少是 $(n-1)+1=n$. □

在定理 5.6 中考虑到 "点" 与 "直线" 对应, "两点共线" 与 "两直线共点" 对应, 则可得到下面的对偶命题, 参见文献 (Hadwiger, 1964).

定理 5.8 设 L 为平面上有限条直线的集合, 过 L 中任意两条直线的交点均有第三条直线, 则 L 中所有直线共点, 即均过同一点.

特别要注意的是, 两条定理中若点的集合或直线的集合为无限集合, 则定理不成立. 图 5.10 中的点可以看成一个无限点集合的局部图, 连接任意两点的直线上均有其他点, 但并非所有点共线; 图 5.10 也可看成一个无限条直线的集合, 过直线集合中任意两条直线的交点均有第三条直线, 但并非所有直线共点.

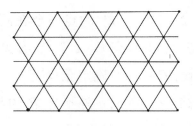

图 5.10

5.4 对 偶 变 换

定理 5.6 与定理 5.8 两者是对偶命题, 这里专门就对偶变换作一简单说明, 详见文献 (O'Rourke, 1986).

5.4.1 基本概念

严格说来对偶原理要在所谓射影平面中讨论, 这里仅就对偶变换的基本思想作一简要介绍, 不涉及射影平面.

在平面上的直线配置与点配置的研究中, "对偶" 是一个十分重要的概念, 其基本思想是, 因为平面上的直线可以用两个数表征, 因而直线就可以与坐标为两个数的点相联系. 例如, 方程为 $y = mx + b$ 的直线就可以与坐标为 (m, b) 的点相联系. 对偶变换指的是平面中点与直线相互之间保持关联关系的一种映射, 是一种可逆变换. 如果将点的坐标看成直线的斜率与截距, 这样平面上任何一个点就可以用来表述一条直线, 每条直线与唯一的一个点相对应, 每个点又对应于唯一的一条直线. 平面上点–线对偶映射或称对偶变换有多种类型, 取决于直线标准方程的表达式.

设 $\mathcal{D}$ 是一个对偶变换, 将点映射为直线, 对任意三个共线的点 p_1, p_2, p_3, 映像 $\mathcal{D}(p_1), \mathcal{D}(p_2), \mathcal{D}(p_3)$ 必须是三条共点的直线. 反之, 任何共点的三条直线 L_1, L_2, L_3 的映像 $\mathcal{D}(L_1), \mathcal{D}(L_2), \mathcal{D}(L_3)$ 则必须是共线的三点 p_1, p_2, p_3. 以下是关于对偶变换的两个约定:

约定一 $\mathcal{D}(\mathcal{D}(p)) = p, \mathcal{D}(\mathcal{D}(L)) = L$, 即 $\mathcal{D}$ 是其自身的逆变换;

约定二 点 $\mathcal{D}(L)$ 落在直线 $\mathcal{D}(p)$ 上 $\Longleftrightarrow$ 点 p 落在直线 L 上.

定理 5.9 两点 p_1 与 p_2 确定直线 $L \Longleftrightarrow$ 两条直线 $\mathcal{D}(p_1)$ 与 $\mathcal{D}(p_2)$ 相交于点 $\mathcal{D}(L)$.

证明 先证 $\Longrightarrow$. 用反证法. 已知两点 p_1 与 p_2 确定直线 L, 若结论不成立, 即两条直线 $\mathcal{D}(p_1)$ 与 $\mathcal{D}(p_2)$ 不相交于点 $\mathcal{D}(L)$, 则不外以下

两种情形:

(1) 点 $\mathcal{D}(L)$ 不落在直线 $\mathcal{D}(p_1)$ 上, 由关于对偶变换的约定二, 则点 p_1 不落在直线 L 上, 与已知条件矛盾;

(2) 点 $\mathcal{D}(L)$ 不落在直线 $\mathcal{D}(p_2)$ 上, 由关于对偶变换的约定二, 则点 p_2 不落在直线 L 上, 与已知条件矛盾.

因而两条直线 $\mathcal{D}(p_1)$ 与 $\mathcal{D}(p_2)$ 必相交于点 $\mathcal{D}(L)$, 这部分证毕.

再证 $\Longleftarrow$. 设 $\mathcal{D}(p_1) = L_1$, $\mathcal{D}(p_2) = L_2$, $\mathcal{D}(L) = p$, 根据约定一, $\mathcal{D}$ 是其自身的逆变换, 因而同时有 $\mathcal{D}(L_1) = p_1$, $\mathcal{D}(L_2) = p_2$, $\mathcal{D}(p) = L$. 现已知条件是 "两条直线 $\mathcal{D}(p_1)$ 与 $\mathcal{D}(p_2)$ 相交于点 $\mathcal{D}(L)$", 也就是 "L_1 与 L_2 相交于点 p", 即 "p 落在直线 L_1 上, 同时落在 L_2 上"; 再由约定二即可推知 $\mathcal{D}(L_1)$ 落在 $\mathcal{D}(p)$ 上, 且 $\mathcal{D}(L_2)$ 落在 $\mathcal{D}(p)$ 上, 即 p_1, p_2 均落在直线 L 上, 从而 p_1, p_2 确定直线 L. □

5.4.2 抛物型对偶变换

下面介绍的这个对偶变换称为抛物型对偶变换, 据称这一变换因其与计算几何中的抛物面

0

变换有关而得名. 抛物型对偶变换 $\mathcal{D}$ 定义如下.

$\mathcal{D}$ 将平面上的点 $p = (a, b)$ 映射到由方程 $y = 2ax - b$ 给出的直线 L, 即 $\mathcal{D}(p) = L$, 反之, 变换 $\mathcal{D}$ 将直线 $L : y = 2ax - b$ 映射到点 $p = (a, b)$, 即 $\mathcal{D}(L) = p$. 显然一般直线方程均可写成这一形式, 如直线方程 $y = cx + d$ 即可写成 $y = 2 \cdot \dfrac{c}{2} x - (-d)$. 附带指出, 这一变换中的直线不能是竖直线, 即垂直于横轴的直线, 如出现竖直线, 可通过坐标平面的适当旋转使得竖直线不再出现.

上述变换 $\mathcal{D}$ 也是其逆变换, 显然满足对偶变换的约定一. 为叙述简便, 一点 p 落在直线 L 上记为 $p \in L$, 以此类推. 以下证明 $\mathcal{D}$ 满足约定二.

定理 5.10 设点 p 的坐标为 (a, b), 直线 L 的方程为 $y = 2ax - b$, 变换 $\mathcal{D}$ 定义如下:

$$\mathcal{D}(p) = L, \quad \mathcal{D}(L) = p.$$

则对平面上的点 q 与直线 G 有

$$\mathcal{D}(G) \in \mathcal{D}(q) \Longleftrightarrow q \in G,$$

即 $\mathcal{D}$ 是满足约定一与约定二的对偶变换.

证明 先证 $\Longleftarrow$. 在平面上任取点 q, 设其坐标为 (α, β), 另取一非竖直直线 G, 其方程可写为 $y = 2\lambda x - \mu$. 按定义, $\mathcal{D}(q)$ 是直线 $y = 2\alpha x - \beta$, 而 $\mathcal{D}(G)$ 是点 (λ, μ). 以下由 $q \in G$ 推导 $\mathcal{D}(G) \in \mathcal{D}(q)$. 事实上, 由 $q \in G$ 可知 $\beta = 2\lambda\alpha - \mu$, 欲证 $\mathcal{D}(G) \in \mathcal{D}(q)$, 现将点 $\mathcal{D}(G)$ 的坐标 (λ, μ) 代入直线 $\mathcal{D}(q)$ 的方程 $y = 2\alpha x - \beta$, 并注意到 $\beta = 2\lambda\alpha - \mu$ 得到

$$\mu = 2\alpha\lambda - \beta = 2\alpha\lambda - (2\lambda\alpha - \mu) = \mu,$$

即点 (λ, μ) 满足方程 $y = 2\alpha x - \beta$, 这样就证得 $\mathcal{D}(G) \in \mathcal{D}(q)$, 即点 $\mathcal{D}(G)$ 落在直线 $\mathcal{D}(q)$ 上.

再证 $\Longrightarrow$. 沿用以上记法, 设 $\mathcal{D}(G) \in \mathcal{D}(q)$, 因而点 $\mathcal{D}(G)$ 的坐标 (λ, μ) 满足直线 $\mathcal{D}(q)$ 的方程 $y = 2\alpha x - \beta$, 即 $\mu = 2\alpha\lambda - \beta$, 于是 $2\lambda\alpha - \mu = 2\lambda\alpha - (2\alpha\lambda - \beta) = \beta$, 即 (α, β) 满足直线 G 的方程, 如此即证得 $q \in G$. $\qquad\square$

定理 5.11 直线 L_1 与 L_2 相交于一点 p $\Longleftrightarrow$ 直线 $\mathcal{D}(p)$ 通过两点 $\mathcal{D}(L_1)$ 与 $\mathcal{D}(L_2)$.

证明 由定理 5.10 易知:

直线 L_1 与 L_2 相交于一点 p

$\Longleftrightarrow p \in L_1$ 且 $p \in L_2$

$\Longleftrightarrow \mathcal{D}(L_1) \in \mathcal{D}(p)$ 且 $\mathcal{D}(L_2) \in \mathcal{D}(p)$

$\Longleftrightarrow$ 直线 $\mathcal{D}(p)$ 通过两点 $\mathcal{D}(L_1)$ 与

$\mathcal{D}(L_2)$. $\qquad\qquad\qquad\qquad\qquad$ □

定理 5.12 若点 p 落在直线 L 的上方, 则直线 $\mathcal{D}(p)$ 落在点 $\mathcal{D}(L)$ 的下方; 与此相对称地, 若点 p 落在直线 L 的下方, 则直线 $\mathcal{D}(p)$ 落在点 $\mathcal{D}(L)$ 的上方.

证明 只需证明定理的前半部分, 后半部分同理可证. 设点 $p = (\lambda, \mu)$, 直线 L 的方程为 $y = 2ax - b$. 由点 p 落在直线 L 的上方可知, 点 p 的纵坐标 μ 应大于 $y = 2ax - b$ 中 $x = \lambda$ 时的值 $2a\lambda - b$, 即 $\mu > 2a\lambda - b$, 也就是 $b > 2a\lambda - \mu$. 另一方面, 按定义, 直线 $\mathcal{D}(p)$ 的方程是 $y = 2\lambda x - \mu$, 点 $\mathcal{D}(L)$ 的坐标是 (a, b), 而 $b > 2a\lambda - \mu$ 正好表明直线 $\mathcal{D}(p)$ 落在点 $\mathcal{D}(L)$ 的下方 (图 5.11). $\qquad$ □

下面另给出一个抛物型对偶变换的实例. 图 5.12(a) 给出了 6 个点

$$p_1 = \left(\frac{1}{2}, -3\right), \quad p_2 = \left(\frac{1}{2}, -1\right),$$

$$p_3 = \left(\frac{1}{8}, -1\right), \quad p_4 = (0, -2),$$

$$p_5 = (0, 2), \quad p_6 = \left(-\frac{1}{2}, -1\right).$$

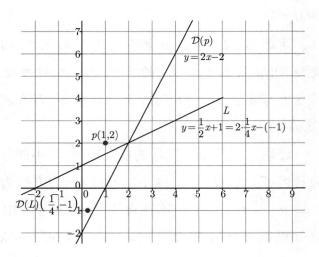

图 5.11

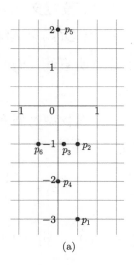

(a)

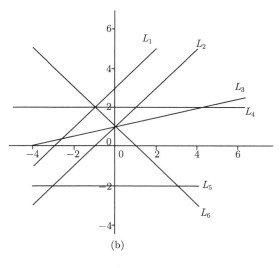

(b)

图 5.12

图 5.12(b) 给出了对偶变换 $\mathcal{D}$ 下各个点对应的直线:

$$L_1 : y = x + 3 = 2 \cdot \frac{1}{2} - (-3),$$

$$L_2 : y = x + 1 = 2 \cdot \frac{1}{2} - (-1),$$

$$L_3 : y = \frac{x}{4} + 1 = 2 \cdot \frac{1}{8} - (-1),$$

$$L_4 : y = 2 = 2 \cdot 0x - (-2),$$

$$L_5 : y = -2 = 2 \cdot 0x - 2,$$

$$L_6 : y = -x + 1 = 2 \cdot \left(-\frac{1}{2}\right) - (-1).$$

容易检验, 这里

$$\mathcal{D}(p_i) = L_i, \quad \mathcal{D}(L_i) = p_i, \quad i = 1, 2, 3, 4, 5, 6.$$

由图 5.12 可以清楚地看到, 三点共线与三线共点相对应, 点的横坐标相同与直线相互平行相对应.

5.5 有限点集生成的角

定理 5.13 (Erdős) 给定平面上 n 个互异点, 这些点所确定的角中必有一个角 θ 满足条件 $0 \leqslant \theta \leqslant \dfrac{\pi}{n}$. 若给定点无三点共线, 则结论为 $0 < \theta \leqslant \dfrac{\pi}{n}$.

证明 考虑给定 n 个点的凸包 C, 即包含这 n 个点的最小凸集. 分两种情形讨论.

(1) C 为凸 n 边形, 即给定的 n 个点是凸 n 边形的顶点. C 的内角和为 $(n-2)\pi$, 故必有一个角 $\alpha \leqslant \dfrac{(n-2)\pi}{n}$, 过其顶点的 $n-3$ 条对角线将角 α 划分为 $n-2$ 个角, 于是这些角中必有一个角 $\theta \leqslant \dfrac{1}{n-2}\left(\dfrac{(n-2)\pi}{n}\right) = \dfrac{\pi}{n}$.

(2) C 为凸 $k(<n)$ 边形. 这时给定的 n 个

点中必有 $(n-k)$ 个点落在 k 边形的内部或边界上. 若有一点落在边界上, 即有三点共线, 显然有夹角 0. 否则, k 边形边界上除顶点外不含所给 n 个点中的其他点. 这时 k 边形中必有一个内角 $\alpha \leqslant \dfrac{(k-2)\pi}{k} < \dfrac{(n-2)\pi}{n}$, 设 α 的顶点为 P, 将 P 与其余给定点相连接, 若这些连线中有重叠 (有三点共线), 则得夹角 0. 否则, 这些连线构成 $(n-2)$ 个角, 其和 $\alpha < \dfrac{(n-2)\pi}{n}$, 故这 $(n-2)$ 个角中必有一个角 $\theta \leqslant \dfrac{\alpha}{n-2} < \dfrac{1}{n-2}\left(\dfrac{(n-2)\pi}{n}\right) = \dfrac{\pi}{n}$. 若给定点中无三点共线, 则不存在夹角为 0 的情形, 从而结论为 $0 < \theta \leqslant \dfrac{\pi}{n}$. $\quad\square$

6 黄金三角剖分

6.1 黄金分割与斐波那契数列

所谓黄金分割指的是将一个线段划分为长度不同的两部分, 使得"小比大等于大比全".

如图 6.1 所示, B 将线段 AC 分为两段, 使得 $AB/BC = AC/AB$, 这时若设线段 BC 的长度为 1, AB 的长度为 x, 则有

$$\frac{x}{1} = \frac{x+1}{x}, \quad \text{即} \quad x^2 - x - 1 = 0,$$

由此解得

$$x = \frac{1 \pm \sqrt{5}}{2}.$$

x 的正值记为 φ, 称之为黄金比例,

$$\varphi = \frac{1 + \sqrt{5}}{2},$$

显然 φ 是无理数, 可表示为无限不循环小数,

$$\varphi = 1.618033988749894848204586834 36\cdots.$$

x 的负值记为 $\psi = \dfrac{1 - \sqrt{5}}{2}$, ψ 也是一个很重要的常数, 显然 $\varphi + \psi = 1$, ψ 的近似值可取为 -0.618.

$$\frac{AB}{BC} = \frac{AC}{AB} = \varphi$$

图 6.1

黄金比例为世界各类文化所崇尚, 在艺术、音乐中, 以致在人体结构、遗传基因与遗传密码的研究中都涉及黄金比例.

如前所述, 黄金比例 φ 的数值是由方程 $x^2 - x - 1 = 0$ 求出的, 由此立即可以推知下述重要公式:

$$\varphi^2 = \varphi + 1, \quad \frac{1}{\varphi} = \varphi - 1,$$

$$\varphi^n + \varphi^{n+1} = \varphi^{n+2} \quad (n\text{为整数}).$$

显然上述公式中的 φ 以 ψ 取代, 公式依然成立:

$$\psi^2 = \psi + 1, \quad \frac{1}{\psi} = \psi - 1,$$

$$\psi^n + \psi^{n+1} = \psi^{n+2} \quad (n\text{为整数}).$$

在论述有关黄金比例的几何问题前, 由上述公式启发, 我们不妨了解一下著名的斐波那契数列与黄金比例的关系.

斐波那契数列是指首项与第二项相等, $f_1 = f_2 = 1$, 且一般项满足条件 $f_{n+1} = f_n + f_{n-1}$ 的数列, 即

$$1, 1, 2, 3, 5, 8, 13, 21, 34, 55, \cdots.$$

不难验证, 这一数列后项比前项的比值 $\dfrac{f_{n+1}}{f_n}$ 随 n 的增大趋向黄金比例. $\dfrac{3}{2} = 1.500$, $\dfrac{5}{3} = 1.667$, $\dfrac{8}{5} = 1.600$, $\dfrac{13}{8} = 1.625$, $\dfrac{21}{13} = 1.615$, $\dfrac{34}{21} = 1.619$, $\dfrac{55}{34} = 1.618$, $\cdots$.

这里要特别指出的是, 利用黄金比例 φ 可以导出斐波那契数列的通项公式 (也称为 Binet 公式).

命题 6.1 **斐波那契数列的通项公式 (Binet 公式) 为**

$$f_n = \frac{\varphi^n - \psi^n}{\sqrt{5}}$$

$$= \frac{1}{\sqrt{5}} \left[\left(\frac{1+\sqrt{5}}{2} \right)^n - \left(\frac{1-\sqrt{5}}{2} \right)^n \right],$$

$$n = 1, 2, \cdots.$$

证明 逐次使用 $\varphi^2 = \varphi + 1$ 即可得到以下

等式:

$$\varphi^2 = \varphi + 1,$$
$$\varphi^3 = \varphi^2 \varphi = 2\varphi + 1,$$
$$\varphi^4 = \varphi^3 \varphi = (2\varphi + 1)\varphi$$
$$\quad = 2\varphi^2 + \varphi = 2(\varphi + 1) + \varphi = 3\varphi + 2,$$
$$\varphi^5 = 5\varphi + 3,$$
$$\varphi^6 = 8\varphi + 5,$$
$$\varphi^7 = 13\varphi + 8,$$
$$\cdots = \cdots$$

如此等等, 循此规律可以写出下式:

$$\varphi^n = f_n \varphi + f_{n-1}, \quad n = 2, 3, \cdots. \qquad (1)$$

现以归纳法证明 (1) 式. $n = 2$ 时前面已推出 (1) 成立. 现设 $n \leqslant k$ 时 (1) 式成立, 往证 $n = k + 1$ 时 (1) 式成立:

$$\varphi^{k+1} = \varphi^k \varphi$$
$$\quad = (f_k \varphi + f_{k-1})\varphi$$
$$\quad = f_k \varphi^2 + f_{k-1} \varphi$$
$$\quad = f_k(\varphi + 1) + f_{k-1} \varphi$$
$$\quad = (f_k + f_{k-1})\varphi + f_k$$
$$\quad = f_{k+1}\varphi + f_k.$$

同理可证

$$\psi^n = f_n\psi + f_{n-1}, \quad n = 2, 3, \cdots \qquad (2)$$

联立 (1) 与 (2) 解得

$$f_n = \frac{\varphi^n - \psi^n}{\sqrt{5}}$$

$$= \frac{1}{\sqrt{5}}\left[\left(\frac{1 + \sqrt{5}}{2}\right)^n - \left(\frac{1 - \sqrt{5}}{2}\right)^n\right].$$

$\Box$

值得注意的是，Binet 公式左端是正整数，而右端却包含分数与无理数.

当 n 较大时直接按定义中的递推公式 $f_n = f_{n-1} + f_{n-2}$ 求斐波那契数列的第 n 项 f_n 固然不胜其烦，但用 Binet 公式也是不实际的. 注意到下面的事实，我们可以利用一般计算器解决上述难题. 由 Binet 公式容易推导出下面的不等式：

$$|f_n - \varphi^n/\sqrt{5}| = |\psi^n/\sqrt{5}| < 1/2. \qquad (3)$$

这就表明，f_n 是最接近 $\varphi^n/\sqrt{5}$ 的正整数. 利用这一结果，当 n 较大时即可用普通计算器求 f_n. 例如用计算器可求得

$$f_{58} = 591286729879, \quad f_{59} = 956722026041,$$

$$f_{60} = 1548008755920.$$

验算知 $f_{60} = f_{59} + f_{58}$，准确无误.

6.2 黄金分割的几何作图

下面提供若干几何方法实现黄金分割,将一个线段按黄金比例划分为长度不等的两部分.

(1) 如图 6.2(a) 所示, 作直角三角形 ABD, 其中斜边 BD 长为直角边 AD 长的 2 倍; 过 BD 的中点 M 作 MC, 使得 $MC = BD$; 过 M 作 MN 平行于 DA. 设 $AD = 1$, 则有

$$MN = \frac{1}{2}, \quad DB = 2, \quad MC = 2, \quad AB = \sqrt{3},$$

$$NB = \frac{\sqrt{3}}{2}, \quad NC = \sqrt{2^2 - \left(\frac{1}{2}\right)^2} = \frac{\sqrt{15}}{2},$$

$$BC = NC - NB = \frac{\sqrt{15}}{2} - \frac{\sqrt{3}}{2},$$

$$AC = AB + BC = \frac{\sqrt{15}}{2} + \frac{\sqrt{3}}{2},$$

由此得到 $AB^2 = AC \cdot BC$.

(2) 如图 6.2(b) 所示作直角三角形 ACC', 两个直角边长度之比为 2, $AC = 2CC'$, 不妨取 $AC = 2, CC' = 1$, 在斜边 AC' 上取一点 B' 使得 $C'B' = 1$, 然后在 AC 上取一点 B 使得 $AB = AB'$, 从而

$$AC = 2, \quad AB = \sqrt{5} - 1,$$

$$BC = 2 - (\sqrt{5} - 1) = 3 - \sqrt{5},$$

容易验证，$AB^2 = AC \cdot BC$.

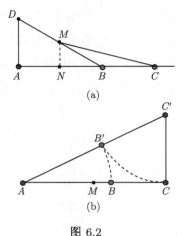

(a)

(b)

图 6.2

(3) 如图 6.3(a) 所示，以正方形 $ABDG$ 的一边 AB 的中点 M 为圆心，以 MD 为半径作圆，该圆与 AB 的延长线交于一点 C，过 C 作垂直于 AC 的直线，与 GD 的延长线交于 F. 设正方形的边长为 2，故 $AB = 2$，又 $MC = MD = \sqrt{5}$，从而 $BC = MC - MB = \sqrt{5} - 1$，从而 $AC = \sqrt{5} + 1$，容易验证 $AB^2 = AC \cdot BC$.

(4) (Kurt Hofstetter) 如图 6.3(b) 所示，在直线 L 上选取两点 X, Y，以 X 为圆心作圆过 Y，以 Y 为圆心作圆过 X，两圆的交点记为 AB，两圆与直线 L 的交点记为 P, Q，再以 X 为圆

心作圆过 Q, 以 Y 为圆心作圆过 P, 记这两个圆的交点 (上方) 为 C, 则 B 是线段 AC 的黄金分割点.

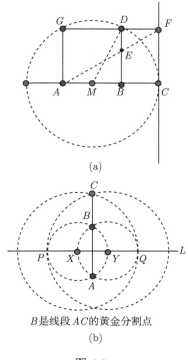

(a)

B是线段AC的黄金分割点

(b)

图 6.3

(5) (Kurt Hofstetter) 如图 6.4 所示, 作直线段 AC, 以 A 为圆心作圆过 C, 以 C 为圆心作圆过 A, 两圆的交点记为 D, 延长 CA 与以 A 为圆心的圆交于 F, 以 F 为圆心作圆过 C 并与以 C 为圆心的圆交于 E, 连接 D, E 的直线

交 AC 于 B, 则 B 是线段 AC 的黄金分割点.

(6) (Lemoine) 如图 6.5 所示, 作直线段 AC, 以 A 为圆心作圆过 C, 以 C 为圆心作圆过 A, 两圆的交点记为 D, F, 连接 D, F, 再以 F 为圆心作圆过 A, C, 与以 A 为圆心的圆交于 G, 与 DF 交于 E, 再以 G 为圆心作圆过 E, 并交 AC

210

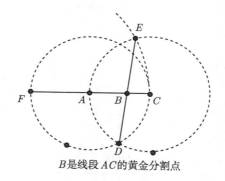

B 是线段 AC 的黄金分割点

图 6.4

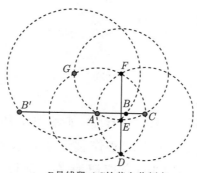

B 是线段 AC 的黄金分割点,
A 是线段 $B'C$ 的黄金分割点

图 6.5

于 B, 则 B 是线段 AC 的黄金分割点. 延长 CA 至 B', 则 A 是线段 $B'C$ 的黄金分割点.

(7) (Chris and Penny) 如图 6.6 所示, 在以点 O 为圆心的圆周上选取等间隔的六点 $A, B,$ C, D, E, F, 易知相邻两点的距离就是圆 O 的半径, $ABCDEF$ 构成正六边形, ACE 构成正三角形. 连接 AE 与 AC 的中点 P 与 Q, 延长线段 PQ 交圆周于点 R, 则 Q 就是线段 PR 的黄金分割点. 附带指出, 连接圆心 O 与圆周上的两点 F, B, 则 OF, OB 与 AE, AC 的交点 P, Q 就分别是 AE 与 AC 的中点.

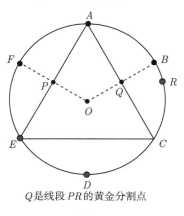

Q 是线段 PR 的黄金分割点

图 6.6

6.3 黄 金 矩 形

若矩形相邻两边边长之比是黄金比例 φ, 则称这样的矩形为黄金矩形.

黄金矩形构作方法　如图 6.7(a) 所示，可构作黄金矩形如下：首先作一正方形 $ABDF$，取正方形一边 AB 的中点 M，在 AB 的延长线上取一点 C，使得 $MC = MD$，过 C 作 AC 的垂线交 FD 的延长线于 E，则矩形 $ACEF$ 就是一个黄金矩形，下证矩形 $ACEF$ 相邻两边边长之比是黄金比例 φ：不妨设正方形 $ABDF$ 的边长为 2，则 $AB = 2$，注意到 $MC = MD$，从而有

$$MD = \sqrt{BD^2 + MB^2} = \sqrt{2^2 + 1^2} = \sqrt{5},$$

$$AC = AM + MC = AM + MD = 1 + \sqrt{5}.$$

矩形 $ACEF$ 的长边与短边之比 $\dfrac{AC}{AF} = \dfrac{1 + \sqrt{5}}{2} = \varphi$. 矩形 $ACEF$ 是黄金矩形.

众所周知，开普勒 (Johanannes Kapler, 1571—1630) 是德国天文学家与数学家，对毕达哥拉斯三角形与黄金分割有着浓厚兴趣，称毕达哥拉斯定理与黄金分割是几何学的两大珍宝.

例 6.1　开普勒三角形是指一直角三角形，其三边的边长构成首项为 1 的等比数列的前三项. 试求开普勒三角形的边长并构作该三角形.

解答　设直角三角形的三边长度依次为 1, r, r^2 $(r > 1)$，由勾股定理有 $1^2 + r^2 = r^4$，令 $a = r^2$，则有 $1 + a = a^2$，于是 $a = r^2 = \varphi, r = \sqrt{\varphi}$，

这就是说开普勒三角形的两个直角边长度分别
是 $1, \sqrt{\varphi}$, 斜边长度是 φ. 由此得到构作开普勒
三角形的方法如下 (图 6.7(b)): 首先按图 6.7(a)
所示步骤构作黄金矩形 $ACEF$, 在边 AC 中取
一点 B, 使得 $AB = AF$, 所得三角形 ABF 就
是就是开普勒三角形 (图 6.7(b)).

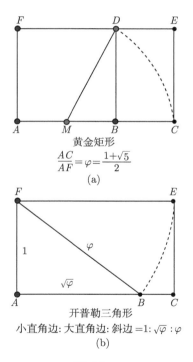

黄金矩形

$$\frac{AC}{AF} = \varphi = \frac{1+\sqrt{5}}{2}$$

(a)

开普勒三角形

小直角边: 大直角边: 斜边 $= 1 : \sqrt{\varphi} : \varphi$

(b)

图 6.7

213

有趣的是, 由开普勒三角形 ABF 可立即求
出满足三角方程 $\cos \alpha = \tan \alpha$ 的锐角 α.

设 $\alpha = \angle ABF$, 显然

$$\cos\alpha = \frac{\sqrt{\varphi}}{\varphi} = \frac{1}{\sqrt{\varphi}}; \quad \tan\alpha = \frac{1}{\sqrt{\varphi}}.$$

由此可知 $\alpha = \angle ABF$ 就是满足方程 $\cos\alpha = \tan\alpha$ 的锐角, $\alpha \approx 38.1727076°$. 这里如果对开普勒三角形 ABF 用勾股定理, 则有 $\varphi^2 = 1 + (\sqrt{\varphi})^2 = 1 + \varphi$, 这正是前面我们给出的有关 φ 的一个基本公式.

黄金螺旋线　如图 6.8 所示, 由黄金矩形 $ABCD$ 中删去正方形 $AEFD$, 所得矩形还是黄金矩形, 现证明如下. 图中 $ABCD$ 是黄金矩形, 设其短边长度为单位长度 1, 即 $BC = AD = 1$, 则 $AB = CD = \varphi$, 若由矩形 $ABCD$ 中删去正方形 $AEFD$, 其边长为 1, 剩余部分是矩形 $EBCF$, 为证矩形 $EBCF$ 是黄金矩形, 只需证明 $BC/BE = \varphi$. 事实上, 由 $AE = BC = 1, BE = AB - AE = \varphi - 1$, 注意到 $\varphi^2 - \varphi = 1$, 即得

$$\frac{BC}{BE} = \frac{1}{\varphi - 1} = \frac{\varphi^2 - \varphi}{\varphi - 1} = \frac{\varphi(\varphi - 1)}{\varphi - 1} = \varphi.$$

故矩形 $EBCF$ 是黄金矩形.

利用黄金矩形的这一特点可以构作所谓黄金螺旋线. 每次由黄金矩形删除正方形得出一个更小的黄金矩形, 如图 6.8 所示, 每次删去正方

形前，以该正方形的一个适当的顶点为圆心作四分之一圆弧，因接连两个圆弧与同一直线相切，圆弧连接是光滑的，这一程序可以一直进行下去，就画出了所谓的黄金螺旋线．

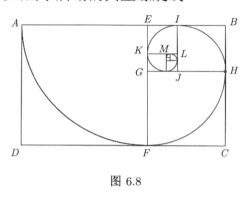

图 6.8

6.4　黄金三角形与三角剖分

许多数学珍宝都起源于最初等的数学问题．这里讨论黄金三角形就从这样的问题开始．我们从一个初等问题说起．

初等问题　给定一个等腰三角形，如何用过该三角形一个顶点的直线将三角形划分为两个等腰三角形，使得其中至少有一个与原三角形相似．

事实上，我们总可以用直线将等腰三角形的最大角划分为两个角得出两个小三角形，使得其中一个小三角形与原三角形相似，但一般来说, 另一个小三角形未必是等腰三角形. 可以验证, 划分所得两个小三角形中一个与原三角形相似且另一个为等腰三角形的充分必要条件是原等腰三角形的三个角所构成的"角度序列"为 $(36°, 72°, 72°)$, $(90°, 45°, 45°)$, 或 $(108°, 36°, 36°)$.

以下将 $(x°, y°, z°)$ 简记为 (x, y, z), 并称之为三角形的角序列. 角序列为 $(36, 72, 72)$ 或 $(36, 36, 108)$ 的等腰三角形称为**黄金三角形**, 又称为 Penrose-Robinson 三角形. 为便于论述, 称 $(36, 72, 72)$- 型三角形为锐角黄金三角形, $(36, 36, 108)$-型三角形为钝角黄金三角形.

有趣的是, $(36, 72, 72)$ 与 $(108, 36, 36)$ 这两种等腰三角形均可由正五边形得到. 在图 6.9(a) 中, 出现一个锐角黄金三角形, 两个钝角黄金三角形; 考虑到正五边形边长相等, 每个内角为 $108°$, 易知图 6.9(b) 中由对角线相交形成的三角形, 如 $\triangle ABE$, $\triangle AA'E'$, $\triangle ABE'$, $\triangle AE'E$ 均为黄金三角形.

值得一提的是, 我们可以利用黄金比例的性质证明 $\cos 36° = \dfrac{\varphi}{2}$. 对锐角黄金三角形 ACD (图 6.9(a)) 中的 $36°$ 角用余弦定理, 有

$$1^2 = \varphi^2 + \varphi^2 - 2\varphi^2 \cos 36° \Longrightarrow \cos 36° = 1 - \frac{1}{2\varphi^2}.$$

注意到黄金比例 φ 的性质 $\varphi^2 = \varphi + 1$, $\dfrac{1}{\varphi} =$

$\varphi - 1$, 有

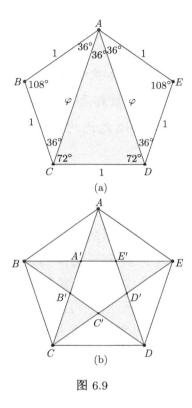

图 6.9

$$\cos 36° = 1 - \frac{1}{2\varphi^2}$$
$$= 1 - \frac{1}{2}(\varphi - 1)^2$$
$$= 1 - \frac{1}{2}(\varphi^2 - 2\varphi + 1)$$
$$= 1 - \frac{1}{2}(\varphi + 1 - 2\varphi + 1)$$

$$= 1 - \frac{1}{2}(2 - \varphi)$$
$$= \frac{\varphi}{2}.$$

命题 6.2 黄金三角形具有以下三条性质:

(1) 每个角的度数都是 36 的整倍数;

(2) 长边与短边之比均为黄金比例 $\varphi = \dfrac{1 + \sqrt{5}}{2}$;

(3) 剖分所得两个等腰三角形中大三角形面积与小三角形面积之比是 φ.

证明 性质 1 显然成立, 不必赘述.

性质 2 考虑黄金三角形为 $(36, 72, 72)$-型等腰三角形, 不妨设大边长度为 x, 小边长度为 1, 如图将等腰三角形剖分为两个小等腰三角形, 一个是 $(36, 72, 72)$-型, 一个是 $(36, 36, 108)$-型, 于是有

$$\frac{x}{1} = \frac{1}{x - 1}$$
$$x^2 - x - 1 = 0$$
$$x = \frac{1 \pm \sqrt{5}}{2}.$$

x 为正数, 故有 $x = \dfrac{1 + \sqrt{5}}{2}$, 即长边与短边之比均为黄金比例 $\varphi = \dfrac{1 + \sqrt{5}}{2}$. 同理可证黄金三角形为 $(36, 36, 108)$-型等腰三角形时有同样

结论.

性质 3 将黄金三角形剖分为两个等腰三角形后, 其中一个三角形与原三角形相似, 两者面积之比等于对应边平方之比. 设原黄金三角形中大边长度为 φ, 则小边长度为 1, 原三角形面积 A 与剖分所得相似三角形 (小三角形) 面积 A_1 之比 $A/A_1 = \varphi^2$, 剖分所得大三角形面积 $A_2 = A - A_1 = A_1(\varphi^2 - 1)$, 于是 $A_2/A_1 = \varphi^2 - 1 = \varphi$. $\square$

值得注意的是, 角度序列为 $(90, 45, 45)$ 的三角形不是黄金三角形, 其长边与短边之比不是 $\varphi = \dfrac{1+\sqrt{5}}{2}$, 而是 $\sqrt{2}$.

三角剖分是指将一个多边形的区域划分为有限个不重叠的三角形, 且若两个三角形交非空, 则或者两者有公共顶点, 或者有一公共边. 如果剖分所得每个三角形都是黄金三角形, 则称这样的三角剖分为黄金三角剖分. 参见文献 (Rigby, 1988; O'Rourke, 1988.)

定理 6.3 设 S, T 是两个不全等的黄金三角形, 两者有一公共边, 则 S, T 的面积不相等, 大面积与小面积之比是 φ, φ^2, 或 φ^3.

证明 不失一般性, 设黄金三角形 S, T 均至少有一边长度为 1, 两者的公共边长度为 1. 按黄金三角形三边的长度序列分类, 共有 4 类

219

黄金三角形 (图 6.10).

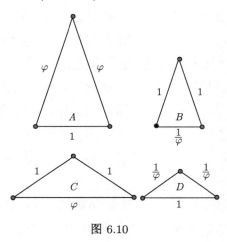

图 6.10

设

$$A = (1, \varphi, \varphi), \quad B = \left(\frac{1}{\varphi}, 1, 1\right),$$

$$C = (1, 1, \varphi), \quad D = \left(\frac{1}{\varphi}, \frac{1}{\varphi}, 1\right).$$

这里 A, B, C, D 既表示黄金三角形的边长序列, 也表示相应的黄金三角形, 视上下文而定. 设 $\lambda(*)$ 表示黄金三角形 $*$ 的面积. 由相似三角形面积之比等于对应边平方之比可知,

$$\frac{\lambda(A)}{\lambda(B)} = \frac{\lambda(C)}{\lambda(D)} = \varphi^2.$$

由此可知

$$\frac{\lambda(A)}{\lambda(C)} = \frac{\lambda(B)}{\lambda(D)}.$$

现在只需再验证以下三个面积比是否为 φ, φ^2, 或 φ^3：

$$\frac{\lambda(A)}{\lambda(D)}, \quad \frac{\lambda(B)}{\lambda(D)}, \quad \frac{\lambda(C)}{\lambda(A)}.$$

注意定理条件 S, T 是两个不全等的黄金三角形，两者有一公共边，按此要求，分以下三种情况验证.

(1) $S = A = (1, \varphi, \varphi)$, $T = D = \left(\dfrac{1}{\varphi}, \dfrac{1}{\varphi}, 1\right)$.

证明 $\dfrac{\lambda(S)}{\lambda(T)} = \varphi^3$ (图 6.11).

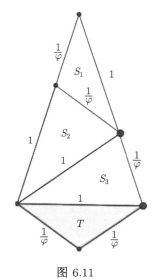

图 6.11

如图 6.11 作 S 的三角剖分 $S = S_1 \cup S_2 \cup S_3$，易知 $\lambda(T) = \lambda(S_1), \lambda(S_2) = \lambda(S_3)$，由命题 6.2 (3) 知，黄金三角形剖分所得的两个小三角形

中大面积与小面积之比为黄金比例 φ, $\lambda(S_2) = \varphi\lambda(S_1)$. 于是有

$$
\begin{aligned}
\frac{\lambda(S)}{\lambda(T)} &= \frac{\lambda(S_1) + \lambda(S_2) + \lambda(S_3)}{\lambda(T)} \\
&= \frac{\lambda(T) + \varphi\lambda(T) + \varphi\lambda(T)}{\lambda(T)} \\
&= 1 + \varphi + \varphi \\
&= \varphi^2 + \varphi \\
&= \varphi^3.
\end{aligned}
$$

(2) $S = B = \left(\dfrac{1}{\varphi}, 1, 1\right)$,

$$
T = D = \left(\frac{1}{\varphi}, \frac{1}{\varphi}, 1\right).
$$

222

证明 $\dfrac{\lambda(S)}{\lambda(T)} = \varphi^2$(图 6.12).

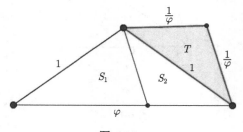

图 6.12

如图作 S 的三角剖分 $S = S_1 \cup S_2$, 易知 $\lambda(T) = \lambda(S_2)$, 由命题 6.2 (3) 知 $\lambda(S_1) =$

$\varphi\lambda(S_2)$. 于是有

$$
\begin{aligned}
\frac{\lambda(S)}{\lambda(T)} &= \frac{\lambda(S_1) + \lambda(S_2)}{\lambda(T)} \\
&= \frac{\varphi\lambda(T) + \lambda(T)}{\lambda(T)} \\
&= \varphi + 1 \\
&= \varphi^2.
\end{aligned}
$$

(3) $S = C = (1, 1, \varphi)$, $T = A = (1, \varphi, \varphi)$.
证明 $\dfrac{\lambda(S)}{\lambda(T)} = \varphi$(图 6.13).

如图作 S 的三角剖分 $S = S_1 \cup S_2$，易知 $\lambda(T) = \lambda(S_1)$，由命题 6.2(3) 知 $\lambda(S_1) = \varphi\lambda(S_2)$.

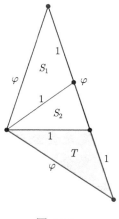

图 6.13

于是有

$$
\frac{\lambda(S)}{\lambda(T)} = \frac{\lambda(S_1) + \lambda(S_2)}{\lambda(T)}
$$

$$= \frac{\lambda(T) + \lambda(T)/\varphi}{\lambda(T)}$$

$$= 1 + \frac{1}{\varphi}$$

$$= \frac{1 + \varphi}{\varphi}$$

$$= \frac{\varphi^2}{\varphi} = \varphi.$$

其实以上结果也可以用初等方法求得. 例如在情形 (2) 中, 注意到 $S = B$ 与 $T = D$ 两个三角形不全等但相似, 因而两者面积之比等于对应边平方之比,

$$\frac{\lambda(S)}{\lambda(T)} = \frac{1^2}{\left(\dfrac{1}{\varphi}\right)^2} = \varphi^2.$$

□

定理 6.4 若 G 是三角形, 对其可作黄金三角剖分, 则 G 必定是黄金三角形.

证明 因任何黄金三角形内角的度数都是 36 的整倍数, 若对 G 可作黄金三角剖分, 则 G 的每个顶点处的内角均可被剖分为度数是 36 整倍数的角, 从而三角形 G 内角度数只能是 36, 72, 108, 144. 若 G 一个内角度数是 144, 则其他两个角度数之和为 36, 这样 G 的这两个角的度数就不可能是 36 的整倍数, 因而对 G 不可作黄

金剖分, 矛盾. 最后得到结论, G 的内角度数必是 $36, 72, 108$ 三者之一，从而三角形的角序列只能是 $(72, 72, 36), (36, 36, 108)$，即 G 是黄金三角形. $\square$

如果对正 n 边形 P 可作黄金三角剖分, 则 P 的每个内角不大于 $4 \times 36°$, 即

$$\frac{180(n-2)}{n} \leqslant 4 \times 36 \Longrightarrow 5(n-2) \leqslant 4n.$$

由此立即可知 $n \leqslant 10$. 这也就是说当 $n \geqslant 11$ 时, 对任何正 n 边形都不可能作黄金三角剖分. 这一结果可推广到一般凸多边形.

定理 6.5 设 P 是凸多边形, 边数为 n, 若对 P 可作黄金三角剖分, 则 $n \leqslant 10$.

证明 若对 P 可作黄金三角剖分, 则 P 的每个内角的度数必是下列数之一: $36, 72 = 2 \times 36, 108 = 3 \times 36, 144 = 4 \times 36$, 共 4 种可能情形. 设 P 的 n 个内角度数依次是 $36k_1, 36k_2, \cdots, 36k_n$, 显然有 $k_i \leqslant 4 (i = 1, 2, \cdots, n)$, 注意到凸 n 边形的内角和为 $180(n-2)$ 度, 于是有

$$\begin{aligned} 180(n-2) &= 36k_1 + 36k_2 + \cdots + 36k_n \\ &= 36(k_1 + k_2 + \cdots + k_n) \leqslant 36 \times 4n. \end{aligned}$$

即

$$5(n-2) \leqslant 4n.$$

由此证得 $n \leqslant 10$. $\square$

7 整数边多边形

7.1 整数边三角形

某中学举办一个别开生面的数学课外活动:
发给学生 13 根牙签, 让学生用这些牙签构作三
角形, 三角形的每个边由若干根完整的牙签构
成, 让学生以最快的速度回答 13 根牙签能构作
多少个不同的三角形. 某学生给出的结果是可以
构成 5 个三角形, 这 5 个三角形各边中牙签的
根数是: $6, 6, 1$; $6, 5, 2$; $6, 4, 3$; $5, 5, 3$; $5, 4, 4$. 事
实上这就是整数边三角形问题.

边长为整数的三角形称为整数边三角形, 不
全等的整数边三角形可以有相同的周长. 一个广
为关注的问题是: 给定正整数 n, 问周长为 n 的

不全等的整数边三角形有多少个.

设 $T(n)$ 表示周长为 n 的不同的 (即互不全等的) 整数边三角形的个数. 给定正整数 n, 如何计算 $T(n)$?

以下用 $\langle a, b, c\rangle$ 表示边长为 a, b, c 的三角形, 其中 a, b, c 均为正整数, 且 $a + b + c = n$. 易知 a, b, c 是周长为 n 的三角形的三边, 当且仅当 $a + b + c = n$ 且 a, b, c 满足三角形不等式:

$$a + b > c, \quad b + c > a, \quad c + a > b.$$

前面所说的学生给出的结果就是 $T(13) = 5$, 构作的 5 个三角形可表示为

$$\langle 6, 6, 1\rangle, \quad \langle 6, 5, 2\rangle, \quad \langle 6, 4, 3\rangle, \quad \langle 5, 5, 3\rangle, \quad \langle 5, 4, 4\rangle.$$

容易看出, 上面的结果中, 三角形每个边牙签根数都小于 $\dfrac{13}{2}$. 这不是偶然的, 事实上我们有下面的结论.

定理 7.1 正整数 a, b, c 构成周长为 n 的整数边三角形, 当且仅当

$$a < \frac{n}{2}, \quad b < \frac{n}{2}, \quad c < \frac{n}{2}$$

同时成立.

证明 正整数 a, b, c 构成周长为 n 的整数边三角形, 当且仅当 $a + b + c = n$, 且三角

形不等式 $a+b>c,\ b+c>a,\ c+a>b$ 成立, 三个不等式两边分别加上 $c,\ a,\ b$, 再注意到 $a+b+c=n$, 即得

$$n=a+b+c>2a,$$
$$n=a+b+c>2b,$$
$$n=a+b+c>2c.$$

因此 a,b,c 是周长为 n 的整数边三角形的三边, 当且仅当

$$a<\frac{n}{2},\quad b<\frac{n}{2},\quad c<\frac{n}{2}.$$

$\square$

必要时不妨设 $0<a\leqslant b\leqslant c$. 当 n 不是很大时利用上面这个充分必要条件用枚举法容易求得 $T(n)$. 首先列举出 n 的所有合乎条件的 3-分拆, 即列举出将 n 不计顺序写出严格小于 $\frac{n}{2}$ 的 3 个正整数之和的所有写法, 这样的写法个数即合乎条件的 3-分拆数 $T(n)$. 列举合乎要求的 3-分拆时注意, 只需列举各项都严格小于 $\frac{n}{2}$ 的项, 既然不计分拆各项的顺序, 为枚举时不重复不遗漏, 3 个正整数可按由大到小的顺序书写.

例 7.1 用枚举法求 $T(12),T(13),T(14)$.

解答 求 $T(12)$: $\frac{n}{2}=6$, 只需写出 12 的各项严格小于 6 即小于或等于 5 的所有 3-分拆:

$$12 = 5 + 5 + 2$$
$$= 5 + 4 + 3$$
$$= 4 + 4 + 4.$$

故 $T(12) = 3$.

求 $T(13)$: $\dfrac{13}{2} = 6.5$, 只需写出 13 的各项严格小于 6.5, 即小于或等于 6 的所有 3-分拆:

$$13 = 6 + 6 + 1$$
$$= 6 + 5 + 2$$
$$= 6 + 4 + 3$$
$$= 5 + 5 + 3$$
$$= 5 + 4 + 4.$$

故 $T(13) = 5$.

求 $T(14)$: $\dfrac{14}{2} = 7$, 只需写出 14 的各项严格小于 7, 即小于或等于 6 的所有 3-分拆:

$$14 = 6 + 6 + 2$$
$$= 6 + 5 + 3$$
$$= 6 + 4 + 4$$
$$= 5 + 5 + 4$$

从而 $T(14) = 4$. □

由以上三例中我们发现一个事实: $T(n)$ 的值并非随 n 的增大而增大, 也就是说 $T(n)$ 并不

是 n 的"单调增函数".

下面给出的是 $3 \leqslant n \leqslant 20$ 时 $T(n)$ 的数值表 7.1，不妨观察一下数值变化的趋势.

表 7.1

n	3	4	5	6	7	8	9	10	11	12	13	14	15	16	17	18	19	20
$T(n)$	1	0	1	1	2	1	3	2	4	3	5	4	7	5	8	7	10	8

但 n 较大时求 $T(n)$ 的问题远不如我们想象的那样容易. 比如周长为 120 的互异三角形有多少个？而周长为 119 的互异三角形又有多少个？

7.2　$T(n)$ 的计算公式

n 较大时用以上枚举计数的方法求 $T(n)$ 是不可行的. 下面给出一个计算 $T(n)$ 的基本公式.

定理 7.2(基本公式)

$$T(n) = \begin{cases} \left\{ \dfrac{n^2}{48} \right\}, & 若n为偶数, \\ \left\{ \dfrac{(n+3)^2}{48} \right\}, & 若n为奇数. \end{cases}$$

其中 $\{x\}$ 表示与 x 最接近的正整数.

这里特别要注意的是，设 x 为实数，$\{x\}$ 表示与 x 最接近的整数，$[x]$ 则表示 x 的最大整数部分，即不大于 x 的整数中之最大者. 两者是有区别的, 如 $\{1.8\} = 2$, 而 $[1.8] = 1$; 但两者也可能相等, 如 $\{2.1\} = 2$ 与 $[2.1] = 2$.

我们以 $T(13) = 5$, $T(14) = 4$, $T(15) = 7$ 为例验证定理 7.2 中的公式.

$n = 13$ 为奇数, 故

$$T(13) = \left\{ \frac{(13+3)^2}{48} \right\} = \left\{ \frac{16^2}{48} \right\}$$
$$= \{5.33333\cdots\} = 5;$$

$n = 14$ 为偶数, 故

$$T(14) = \left\{ \frac{14^2}{48} \right\} = \{4.08333\cdots\} = 4;$$

$n = 15$ 为奇数, 故

$$T(15) = \left\{ \frac{(15+3)^2}{48} \right\} = \left\{ \frac{18^2}{48} \right\} = \{6.75\} = 7.$$

所得结果与前面的 $T(n)$ 数值表一致.

证明定理前我们先应用定理来回答前面提出的问题: 如何求 $T(120), T(119)$. 用上面的公式立即可得

$$T(120) = \left\{ \frac{120^2}{48} \right\} = \left\{ \frac{14400}{48} \right\} = \{300\} = 300,$$

$$T(119) = \left\{ \frac{(119+3)^2}{48} \right\} = \left\{ \frac{14884}{48} \right\}$$
$$= \{310.083333\cdots\} = 310.$$

M.D. Hirschhorn 给出了到目前为止定理 7.2 的最为简洁的初等证明. 先证明一系列预备性基本命题——引理, 总结这些引理即得定理 7.2 的证明.

引理 7.3 设 $S(n)$ 表示周长为 n 且边长互异的整数边三角形的个数, $T(n)$ 表示周长为 n 的不同的 (即互不全等的) 整数边三角形的个数. 若 $n \geqslant 6$, 则有

$$S(n) = T(n-6).$$

证明 若 $n = 6, 7, 8, 10$, 则 $S(n), T(n-6)$ 均为 0, 等式成立. 由于周长为 9 且边长互异的整数边三角形仅有一个 $\langle 2, 3, 4 \rangle$, 故有 $S(9)=1$; 又因 $T(9-6) = T(3) = 1$, $n = 9$ 时等式成立. 现只需再考虑 $n \geqslant 11$ 的情形. 这时设边长互异整数边三角形的三条整数边 a, b, c 满足条件 $a < b < c$, 令 $a' = a-1, b' = b-2, c' = c-3$, 则 a', b', c' 是一个周长为 $n-6$ 的整数边三角形的三边, 且这一步骤可以逆转. 由此即得 $S(n) = T(n-6)$. □

推论 7.4 设 $I(n)$ 表示周长为 n 的整数边等腰三角形的个数, 则

$$T(n) - T(n-6) = I(n).$$

注意, 等边三角形即正三角形也是等腰三角形.

证明 周长为 n 的 $T(n)$ 个整数边三角形只有两类: 三边互异的三角形, 共 $S(n) = T(n-6)$ 个, 至少有两边相等的三角形, 共 $I(n)$ 个, 因而 $T(n) = S(n) + I(n) = T(n-6) + T(n)$, 即 $T(n) - T(n-6) = I(n)$. $\qquad\square$

定理 7.2 的证明通常都用到整数分拆、生成函数等相关理论, 作为通俗读物这里不拟介绍. 近年 M.D. Hirschhorn 给出的证明初等而又简洁, 证明中只用到初等数论中的同余概念.

同余理论是初等数论的重要组成部分. 德国数学家高斯最先引入同余的概念与记法. 同余问题也是数学竞赛的重要组成部分. 设 m 为正整数, 两个整数 a, b 除以 m 所得的余数相等; 或者说, 若整数 a 与 b 之差 $a-b$ 是 m 的整倍数, 则称 a 与 b 关于 (对) 模 m 同余, 或称 a 同余于 b 模 m, 记作 $a \equiv b \pmod{m}$.

引理 7.5 设 $I(n)$ 表示周长为 n 的整数边等腰三角形的个数, 若 $n \geqslant 1$ 则有

$$I(n) = \begin{cases} (n-4)/4, & n \equiv 0 \pmod{4}, \\ (n-1)/4, & n \equiv 1 \pmod{4}, \\ (n-2)/4, & n \equiv 2 \pmod{4}, \\ (n+1)/4, & n \equiv 3 \pmod{4}. \end{cases}$$

233

证明　容易验证不存在周长为 $n = 1, 2, 4$ 的整数边等腰三角形, 故 $I(1) = I(2) = I(4) = 0$; 显然周长为 3 的整数边等腰三角形恰一个, 即边长为 1 的等边三角形, 故 $I(3) = 1$. 现就公式列举的四种情形证明引理 7.5.

(1) $n \equiv 0 \pmod 4$: 记 $n = 4m$, m 为正整数. 周长为 $n = 4m$ 的整数边等腰三角形用边长表示如下:

$$\langle 2, 2m-1, 2m-1 \rangle, \langle 4, 2m-2, 2m-2 \rangle, \cdots,$$

$$\langle 2m-2, m+1, m+1 \rangle.$$

由此可知这样的三角形共有 $m - 1$ 个, $I(n) = m - 1 = \dfrac{n}{4} - 1 = \dfrac{n-4}{4}$.

实例: 若 $m = 5$, 则 $n = 4m = 20$, 这时的整数边等腰三角形是

$$\langle 2, 9, 9 \rangle, \quad \langle 4, 8, 8 \rangle, \quad \langle 6, 7, 7 \rangle, \quad \langle 8, 6, 6 \rangle.$$

其实按此规则还可以写下去, 下一个应该是 $\langle 10, 5, 5 \rangle$, 但由三角形三边之间的关系"两边之和大于第三边"立即可知 $\langle 10, 5, 5 \rangle$ 不可能是三角形的三边, 所以 $m = 5$ 即 $n = 4m = 20$ 时, 整数边等腰三角形共计 $m - 1 = 4$ 个.

(2) $n \equiv 1 \pmod 4$: 记 $n = 4m + 1$, m 为正整数. 周长为 $n = 4m + 1$ 的整数边等腰三角形用边长表示如下:

234

$$\langle 1, 2m, 2m \rangle, \quad \langle 3, 2m-1, 2m-1 \rangle, \cdots,$$

$$\langle 2m-1, m+1, m+1 \rangle.$$

由此可知这样的三角形共有 m 个, $I(n) = m = \dfrac{n-1}{4}$.

实例: 若 $m = 5$, 则 $n = 4m + 1 = 21$, 这时的整数边等腰三角形是

$$\langle 1, 10, 10 \rangle, \quad \langle 3, 9, 9 \rangle, \quad \langle 5, 5, 5 \rangle,$$

$$\langle 7, 7, 7 \rangle, \quad \langle 9, 6, 6 \rangle.$$

继续下去应该还有 $\langle 11, 5, 5 \rangle$, 但不可能是三角形的三边, 所以 $m = 5$, 即 $n = 4m + 1 = 21$ 时, 整数边等腰三角形共计 $m = 5$ 个.

(3) $n \equiv 2 (\text{mod } 4)$: 记 $n = 4m + 2$, m 为正整数. 周长为 $n = 4m + 2$ 的整数边等腰三角形用边长表示如下:

$$\langle 2, 2m, 2m \rangle, \quad \langle 4, 2m-1, 2m-1 \rangle, \cdots,$$

$$\langle 2m, m+1, m+1 \rangle.$$

由此可知这样的三角形共有 m 个, $I(n) = m = \dfrac{n-2}{4}$.

实例: 若 $m = 5$, 则 $n = 4m + 2 = 22$, 这时的整数边等腰三角形是

$$\langle 2, 10, 10 \rangle, \quad \langle 4, 9, 9 \rangle, \quad \langle 6, 8, 8 \rangle,$$

$$\langle 8, 7, 7\rangle, \quad \langle 10, 6, 6\rangle.$$

所以 $m = 5$ 即 $n = 4m + 2 = 22$ 时, 整数边等腰三角形共计 $m = 5$ 个.

(4) $n \equiv 3 \pmod 4$: 记 $n = 4m + 3$, m 为正整数. 周长为 $n = 4m + 3$ 的整数边等腰三角形用边长表示如下:

$$\langle 1, 2m + 1, 2m + 1\rangle, \quad \langle 3, 2m, 2m\rangle, \cdots,$$

$$\langle 2m + 1, m + 1, m + 1\rangle.$$

由此可知这样的三角形共有 $m + 1$ 个, $I(n) = m + 1 = \dfrac{n - 3}{4} + 1 = \dfrac{n + 1}{4}$.

实例: 若 $m = 5$, 则 $n = 4m + 3 = 23$, 这时的整数边等腰三角形是

$$\langle 1, 11, 11\rangle, \quad \langle 3, 10, 10\rangle, \quad \langle 5, 9, 9\rangle,$$

$$\langle 7, 8, 8\rangle, \quad \langle 9, 7, 7\rangle, \quad \langle 11, 6, 6\rangle.$$

所以 $m = 5$ 即 $n = 4m + 3 = 23$ 时, 整数边等腰三角形共计 $m + 1 = 6$ 个. $\qquad\Box$

引理 7.6 设 $n \geqslant 7$

$$I(n) + I(n - 6) = \begin{cases} (n - 6)/2, & \text{若} n \text{为偶数}, \\ (n - 3)/2, & \text{若} n \text{为奇数}. \end{cases}$$

证明 n 为偶数时分两种情况:

236

(1) $n \equiv 0 \pmod 4$：设 $n = 4m$，则 $n - 6 = 4m - 6 = 4(m-1) - 2$，于是 $n - 6 \equiv 2 \pmod 4$，从而由引理 7.5 知

$$I(n) = \frac{n-4}{4}, \quad I(n-6) = \frac{(n-6)-2}{4} = \frac{n-8}{4}.$$

由此即得

$$I(n) + I(n-6) = \frac{n-4}{4} + \frac{n-8}{4} = \frac{n-6}{2}.$$

(2) $n \equiv 2 \pmod 4$：设 $n = 4m+2$，则 $n-6 = 4m+2-6 = 4(m-1)$，即 $n-6 \equiv 0 \pmod 4$，从而由引理 7.5 可知

$$I(n) + I(n-6) = \frac{n-2}{4} + \frac{(n-6)-4}{4} = \frac{n-6}{2}.$$

n 为奇数时也分两种情况，仿照上面的推理可得

(1) $n \equiv 1 \pmod 4$：从而 $n-6 \equiv 3 \pmod 4$，于是由引理 7.5 知

$$I(n) = \frac{n-1}{4}, \quad I(n-6) = \frac{(n-6)+1}{4} = \frac{n-5}{4}.$$

由此即得

$$I(n) + I(n-6) = \frac{n-1}{4} + \frac{n-5}{4} = \frac{n-3}{2}.$$

(2) $n \equiv 3 \pmod 4$：从而 $n-6 \equiv 1 \pmod 4$，于是由引理 7.5 可知

$$I(n) = \frac{n+1}{4}, \quad I(n-6) = \frac{(n-6)-1}{4} = \frac{n-7}{4}.$$

由此即得

$$I(n) + I(n-6) = \frac{n+1}{4} + \frac{n-7}{4} = \frac{n-3}{2}.$$

□

引理 7.7　设 $n \geqslant 12$

$$T(n) - T(n-12) = \begin{cases} (n-6)/2, & \text{若} n \text{为偶数}, \\ (n-3)/2, & \text{若} n \text{为奇数}. \end{cases}$$

证明　由推论 7.4 知

$$T(n) - T(n-6) = I(n),$$

运用这一公式即得

$$T(n-6) - T(n-12) = I(n-6),$$

综合以上二式有

$$T(n) - T(n-12) = I(n) + I(n-6).$$

由引理 7.6 得

$$T(n) - T(n-12) = \begin{cases} (n-6)/2, & \text{若} n \text{为偶数}, \\ (n-3)/2, & \text{若} n \text{为奇数}. \end{cases}$$

□

引理 7.8　定义 $f(n)$ 如下:

$$f(n) = \begin{cases} n^2/48, & \text{若} n \text{为偶数}, \\ (n+3)^2/48, & \text{若} n \text{为奇数}. \end{cases}$$

238

则有

$$f(n) - f(n-12) = \begin{cases} (n-6)/2, & \text{若}n\text{为偶数}, \\ (n-3)/2, & \text{若}n\text{为奇数}. \end{cases}$$

证明 n 为偶数时

$$f(n) - f(n-12) = \frac{n^2 - (n-12)^2}{48} = \frac{n-6}{2},$$

n 为奇数时

$$f(n) - f(n-12) = \frac{(n+3)^2 - (n-9)^2}{48} = \frac{n-3}{2}.$$

$\square$

引理 7.9 令 $\delta(n) = T(n) - f(n)$, 则 $n \geqslant 12$ 时有

$$\delta(n) = \delta(n-12).$$

证明 由定义 $\delta(n) = T(n) - f(n)$, 有

$$\delta(n) - \delta(n-12)$$
$$= [T(n) - f(n)] - [T(n-12) - f(n-12)]$$
$$= [T(n) - T(n-12)] - [f(n) - f(n-12)].$$

由引理 7.7 与引理 7.8 知 $n \geqslant 12$ 时,

$$T(n) - T(n-12) = f(n) - f(n-12),$$

从而 $n \geqslant 12$ 时有

$$\delta(n) - \delta(n-12) = 0,$$

即 $\delta(n) = \delta(n-12)$.

$\square$

基本定理 7.2 的证明　综合引理 7.8 中 $f(n)$ 的定义与定理 7.2 给出的公式可知, 要证明的是 $T(n) = \{f(n)\}$. 注意, 这里 $\{f(n)\}$ 表示与 $f(n)$ 最接近的整数.

按引理 7.8 及相关公式经简单计算可得表 7.2.

表 7.2

n	1	2	3	4	5	6	7	8	9	10	11
$T(n)$	0	0	1	0	1	1	2	1	3	2	4
$T(n-6)$						0	0	0	1	0	1
$I(n)$	0	0	1	0	1	1	2	1	2	2	3
$f(n)$	$\frac{1}{3}$	$\frac{1}{12}$	$\frac{3}{4}$	$\frac{1}{3}$	$\frac{4}{3}$	$\frac{3}{4}$	$\frac{25}{12}$	$\frac{4}{3}$	3	$\frac{25}{12}$	$\frac{49}{12}$
$\delta(n)$	$-\frac{1}{3}$	$-\frac{1}{12}$	$\frac{1}{4}$	$-\frac{1}{3}$	$-\frac{1}{3}$	$\frac{1}{4}$	$-\frac{1}{12}$	$-\frac{1}{3}$	0	$-\frac{1}{12}$	$-\frac{1}{12}$

由表 7.2 可知对 $0 \leqslant n \leqslant 11$ 有 $|\delta(n)| \leqslant \frac{1}{3}$, 从而对 $0 \leqslant n \leqslant 11$ 有 $T(n) = \{f(n)\}$. 据此, 由引理 7.9 可知, 对任何正整数 n, $\delta(n)$ 的取值必为上面表格中的某个 $\delta(n)$. 例如, $\delta(42) = \delta(30) = \delta(18) = \delta(6) = \frac{1}{4}$. 因此对任何 n 有 $|\delta(n)| \leqslant \frac{1}{3}$, 从而对任何正整数 n 有 $T(n) = \{f(n)\}$.　□

7.3　$T(n)$ 的递推公式

这里我们列举 $T(n)$ 的一系列递推公式, 读者可以参照有关数据表 7.1 逐一验证.

按 $T(n)$ 的定义, 应有 $n \geqslant 3$. 为便于推广有关公式, 当整数 $n \leqslant 2$ 时, 不存在周长为 n 的三角形, 我们规定 $T(n) = 0$.

定理 7.10 若 n 是偶数, 则

$$T(n) = T(n-3),$$

即对任何整数 n 有

$$T(2n-3) = T(2n).$$

定理 7.11 对任何整数 n 有

$$T(2n+3) = T(2n) + \left[\frac{n+2}{2}\right],$$

若 m 为奇数, 则

$$T(m) = T(m-3) + \left[\frac{m+1}{4}\right].$$

定理 7.12 若 n 为偶数, 则

$$T(n+12) = T(n) + \frac{n}{2} + 3.$$

定理 7.13 若 n 为奇数, 则

$$T(n+12) = T(n) + \frac{n+9}{2}.$$

定理 7.14 若 n 为奇数, $n = 12k + r$, 则

$$T(n) = \frac{n(n+6) - r(r+6)}{48} + T(r).$$

定理 7.15 若 n 为偶数, $n = 12k + r$, 则

$$T(n) = \frac{n^2 - r^2}{48} + T(r).$$

7.4　整数分拆与 $T(n)$ 的计算公式

整数的分拆是组合数学中十分重要的内容之一, 在不少领域都有广泛的应用. 见文献 (Wilson et al., 2013). 整数的分拆就是将自然数 n 分解成若干个正整数之和

$$n = n_1 + n_2 + \cdots + n_k,$$

其中 $k \geqslant 1$, 每个 $n_i \geqslant 1 (1 \leqslant i \leqslant k)$ 是正整数.

称 n 这样的分解是 n 的一个 k-分拆, 其中 n_i 称为该分拆的分量、项或部分. 若不考虑分拆中各分量的顺序, 则称分拆是无序的; 否则, 称分拆为有序分拆. 这里我们只考虑无序分拆, 简称为分拆. n 的不同的 k-分拆的个数称为 n 的 k-分拆数, 记为 $p_k(n)$. n 的一切可能的分拆的个数称为 n 的分拆数, 记为 $p(n)$. 我们只关注 n 的 3-分拆数, 可以证明有如下结论.

这里 $\{x\}$ 表示距 x 最近的整数. 顺便指出, 这一记法不同于 $[x]$, $[x]$ 表示不超过 x 的最大整

数. 上式的证明用到 Ferrers 图与生成函数等概念, 感兴趣的读者可参阅 R. Honsberger 编写的 Mathematical Gems III. 数论专家 G.E.Andrews 巧妙地展示了 $T(n)$ 与 $p_3(n), p_2(n)$ 的关系, 证明了下述结论. 见文献 (Andrews, 1979).

定理 7.16 设 $p_3(n)$ 为 n 的无序 3-分拆数, $p_2(j)$ 为 $j\left(1 \leqslant j \leqslant \left[\dfrac{n}{2}\right]\right)$ 的无序 2-分拆数, 则有

$$T(n) = p_3(n) - \sum_{j=1}^{\left[\frac{n}{2}\right]} p_2(j).$$

证明 设正整数 n 的一个 3-分拆为 $n = a + b + c$, 当且仅当正整数 a, b, c 满足三角形不等式

$$a + b > c, \quad b + c > a, \quad c + a > b$$

时, 3-分拆 $n = a + b + c$ 确定一个周长为 n 的整数边三角形. 若 a, b, c 不满足三角形不等式, 则有, 例如 $b + c \leqslant a$, $j = b + c \leqslant \dfrac{n}{2}$, 因只考虑正整数, 则有

$$b + c = j \leqslant \left[\dfrac{n}{2}\right].$$

反之, 设正整数 j 满足条件 $j \leqslant \left[\dfrac{n}{2}\right]$, 则由 j 的每个 2-分拆 $j = b + c$ 得 $b + c + j \leqslant n \Rightarrow b + c \leqslant n - j$, 令 $a = n - j$, 于是有 $b + c \leqslant a$,

而 $a+b+c=n-j+j=n$ 是 n 的一个 3-分拆, 但 $b+c \leqslant a$, 因而是 n 的一个不构成整数边三角形的 3-分拆. 这也就是说 $j\left(1 \leqslant j \leqslant \left[\dfrac{n}{2}\right]\right)$ 的 2-分拆与 n 的不构成整数边三角形的 3-分拆之间有 1-1 对应. 由 n 的 3-分拆数减去其中不构成整数边三角形的 3-分拆数即得结论

$$T(n)=p_3(n)-\sum_{j=1}^{\left[\frac{n}{2}\right]} p_2(j).$$

□

容易看出

$j=2k+1$ 时的 2-分拆共计 k 个:

$j=1+2k, j=2+(2k-1), \cdots, j=k+(k+1),$

$j=2k$ 时的 2-分拆共计 k 个:

$j=1+(2k-1), j=2+(2k-2), \cdots, j=k+k,$

由此可知

$$p_2(j)=k=\left[\dfrac{j}{2}\right].$$

用归纳法可以证明

$$\sum_{j=1}^{\left[\frac{n}{2}\right]} p_2(j)=\left[\dfrac{n}{4}\right]\left[\dfrac{n+2}{4}\right].$$

将

$$p_3(n)=\left\{\dfrac{n^2}{12}\right\} \quad \text{与} \quad \sum_{j=1}^{\left[\frac{n}{2}\right]} p_2(j)=\left[\dfrac{n}{4}\right]\left[\dfrac{n+2}{4}\right]$$

代入定理 7.16 的等式即得下面的定理.

定理 7.17

$$T(n) = \left\{\frac{n^2}{12}\right\} - \left[\frac{n}{4}\right]\left[\frac{n+2}{4}\right].$$

为便于读者更好地理解以上推导步骤, 特提供下面的验算实例以供参考 (表 7.3 和表 7.4).

表 7.3

j	j 的 2-分拆	$p_2(j)$
1		0
2	1+1	1
3	1+2	1
4	1+3, 2+2	2
5	1+4, 2+3	2
6	1+5, 2+4, 3+3	3
7	1+6, 2+5, 3+4	3
8	1+7, 2+6, 3+5, 4+4	4
9	1+8, 2+7, 3+6, 4+5	4
10	1+9, 2+8, 3+7, 4+6, 5+5	5

仍以求 $T(13), T(14)$ 为例, 现利用定理 7.16 及定理 7.17 求值如下.

$$T(13) = \left\{\frac{13^2}{12}\right\} - \left[\frac{13}{4}\right]\left[\frac{15}{4}\right]$$
$$= \{14.08333\cdots\} - [3.25][3.75]$$
$$= 14 - 9 = 5,$$
$$T(14) = \left\{\frac{14^2}{12}\right\} - \left[\frac{14}{4}\right]\left[\frac{16}{4}\right]$$

$$=\{16.33333\cdots\} - [3.5][4]$$

$$=16 - 12 = 4.$$

与用基本定理 7.2 所得结果一致. 读者不妨用不同公式验证表 7.4 中的各项数据.

表 7.4

n	1	2	3	4	5	6	7	8	9	10	11	12	13	14	15	16	17	18
$\left\{\dfrac{n^2}{12}\right\}$	0	0	1	1	2	3	4	5	7	8	10	12	14	16	19	21	24	27
$\left[\dfrac{n}{4}\right]$	0	0	0	1	1	1	1	2	2	2	2	3	3	3	3	4	4	4
$\left[\dfrac{n+2}{4}\right]$	0	1	1	1	1	2	2	2	2	3	3	3	3	4	4	4	4	5
$\left[\dfrac{n}{4}\right]\left[\dfrac{n+2}{4}\right]$	0	0	0	1	1	2	2	4	4	6	6	9	9	12	12	16	16	20
$T(n)$	0	0	1	0	1	1	2	1	3	2	4	3	5	4	7	5	8	7
n	1	2	3	4	5	6	7	8	9	10	11	12	13	14	15	16	17	18

7.5 整数边等腰三角形

下面我们就整数边三角形为特殊三角形时, 讨论它的计数问题. 如前所述, $T_e(n)$ 表示周长为 n 的不同整数边等腰三角形的个数, $T_r(n)$ 表示周长为 n 的不同整数边直角三角形的个数.

定理 7.18 对任意正整数 n, 有

$$T_e(n) = \begin{cases} k-1, & n = 4k \\ k, & n = 4k+1 \\ k, & n = 4k+2 \\ k+1, & n = 4k+3. \end{cases}$$

证明　设边长为 n 的等腰三角形三条边长分别为 a, a, b, 则

$$2a + b = n, \quad 0 < b < 2a,$$

于是

$$\frac{n}{4} < a < \frac{n}{2}.$$

显然, 每一个满足上述条件的正整数 a, 都唯一地对应于一个周长为 n 的整数边等腰三角形; 反之, 任意一个周长为 n 的整数边等腰三角形, 都唯一地对应于一个满足上述条件的正整数 a. 这就是说, $T_e(n)$ 的值与满足 $\frac{n}{4} < a < \frac{n}{2}$ 的正整数 a 的个数相同. 现讨论 a 的取值情况.

(1) 当 $n = 4k$ 时, $k < a < 2k$, a 有 $k - 1$ 种取值.

(2) 当 $n = 4k + 1$ 时, $k + \frac{1}{4} < a < 2k + \frac{1}{2}$, a 有 k 种取值.

(3) 当 $n = 4k + 2$ 时, $k + \frac{1}{2} < a < 2k + 1$, a 有 k 种取值.

(4) 当 $n = 4k + 3$ 时, $k + \frac{3}{4} < a < 2k + \frac{3}{2}$, a 有 $k + 1$ 种取值.

由此即得

$$T_e(n) = \begin{cases} k - 1, & n = 4k \\ k, & n = 4k + 1 \\ k, & n = 4k + 2 \\ k + 1, & n = 4k + 3. \end{cases} \qquad \square$$

实例 求 $T_e(81)$. 首先将 81 写成 $4k+i(i = 0, 1, 2, 3)$ 的形式 $81 = 4 \times 20 + 1$, 由定理 7.18 可知 $T_e(81) = 20$, 这时等腰三角形的底边必为奇数 $1, 3, 5, 7, \cdots, 38, 39$, 对应的两腰长度为

$$40, 39, 38, 37, 36, \cdots, 23, 22.$$

7.6 勾股三元组与勾股三角形

据我国最古老的数学典籍《周髀算经》记载, 早在公元前一千多年, 我国古代数学家商高就提出了直角三角形两个直角边的平方和等于斜边的平方这一命题, 这就是勾股定理. 公元前六百年古希腊数学家毕达哥拉斯 (Pythagoras) 证明了同一定理, 故国外通称之为毕达哥拉斯定理. 这一定理因其深奥神秘以及超智能的色彩引发了数学界以外的人们的广泛兴趣.

定理 7.19(勾股定理) 设直角三角形的三条边为 a, b, c, 其中 a, b 为直角边, c 为斜边, 则 $a^2 + b^2 = c^2$; (勾股定理逆定理) 反之, 若三角形的三边 a, b, c 满足 $a^2 + b^2 = c^2$, 则该三角形必为直角三角形.

证明 勾股定理据称有 370 种证明方法, 是证明方法最多的数学定理, 而且新的证明方法还在不断涌现. 这里给出两种简单明了无须

烦琐论述的所谓"分割重排证法"以飨读者. 图 7.1 中三个以 $a+b$ 为边长的大正方形中都含有 4 个全等的以 a,b 为直角边的直角三角形, 区别仅在于 4 个全等直角三角形的布局不同而已. 单看图 7.1(a), 大正方形的面积 $(a+b)^2$ 等于 4 个直角三角形的面积 $\dfrac{ab}{2}$ 与边长为 c 的小正方形的面积 c^2 之和, 即 $4\dfrac{ab}{2}+c^2=(a+b)^2$, 由此证得 $a^2+b^2=c^2$. 另一证明如下: 考虑图 7.1(a) 无阴影部分的面积与图 7.1(b) 无阴影部分的总面积, 两者相等, 立即得到 $a^2+b^2=c^2$; 类似地, 考虑图 7.1(a) 与图 7.1(c) 中无阴影部分的面积, 同样得到 $a^2+b^2=c^2$.

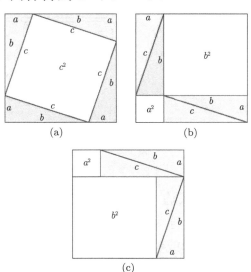

图 7.1

爱因斯坦 (Einstein) 证明　勾股定理的下面这个证明据称是爱因斯坦十二岁时提出的,证明的基本思路是利用相似三角形面积之比等于对应边平方之比. 在图 7.2 中, 过直角三角形 ABC 的直角顶点作斜边的垂线 CH, 这样一来 CH 就将直角三角形 ABC 划分为两个与原直角三角形 ABC 相似的直角三角形, 三个相似三角形的斜边分别是 a, b, c, 设对应的直角三角形为 T_a, T_b, T_c. 相似三角形面积之比等于对应边长度平方之比, 故可设直角三角形 T_a, T_b, T_c 的面积依次为 ta^2, tb^2, tc^2, 再考虑到 T_a, T_b 面积之和等于 T_c 的面积, 于是有 $ta^2 + tb^2 = tc^2$, 即 $a^2 + b^2 = c^2$.

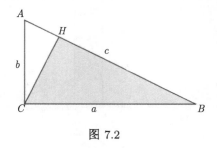

图 7.2

□

以下讨论三边 a, b, c 均为整数的直角三角形, 这种三角形称为毕达哥拉斯三角形, 本书称之为勾股三角形或整数边直角三角形. 整数边直角三角形的三边长度, 即满足等式 $a^2 + b^2 = c^2$ 的三元组 $\{a, b, c\}$ 称为毕达哥拉斯三元组 (Pythagorean triple), 简称为勾股三元组. $\{3,4,5\}$ 就是著名的勾股三元组. 易知若 $\{a,b,c\}$ 是勾股三元组, 则显然对任意正整数 k, 有 $(ka)^2 + (kb)^2 = (kc)^2$, 因而 $\{ka, kb, kc\}$ 也是勾股三元组. 因此有无限多个这样的勾股三元组: $\{3,4,5\}, \{6,8,10\}, \{12,16,20\}, \cdots$. 如果选 $k = 1$, 11, 111, 1111, $\cdots$, 可得到无限多个如下的勾股三元组: $\{3,4,5\}, \{33,44,55\}, \{333,444,555\}, \cdots$. 当然, 对应的勾股三角形其实都是相似的整数边直角三角形. 我们感兴趣的是形状不同的整数边直角三角形, 例如, 容易验证以 $5, 12, 13$ 为三边的三角形就是一个与前述勾股三角形形状不同的勾股三角形.

勾股三元组 $\{a,b,c\}$ 中若 a,b,c 两两互素, 即三者中任意两个都无公因数, 则称该勾股三元组为本原勾股三元组, 对应的勾股三角形称为本原勾股三角形. 例如, $\{3,4,5\}$ 是本原勾股三元组, 而 $\{6,8,10\}$ 就不是本原勾股三元组.

7.6.1 勾股三元组的构造方法

生成勾股三元组的欧几里得公式法: 设 m, n 为正整数, $m > n > 0$, 令 $a = m^2 - n^2$, $b = 2mn$, $c = m^2 + n^2$ (或 $a = 2mn, b = m^2 - n^2$, $c = m^2 + n^2$), 参见图 7.3. 于是

$$a^2 + b^2 = (m^2 - n^2)^2 + (2mn)^2$$

$$= m^4 - 2m^2n^2 + n^4 + 4m^2n^2$$
$$= m^4 + 2m^2n^2 + n^4 = (m^2 + n^2)^2$$
$$= c^2.$$

这样就得到一个勾股三元组 $\{a, b, c\}$.

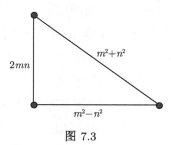

图 7.3

例如, 由 $m = 2, n = 1$ 得 $m^2 - n^2 = 3,$ $2mn = 4, m^2 + n^2 = 5,$ 即得勾股三元组 $\{3, 4, 5\},$ 也就是勾股三角形 $\langle 3, 4, 5 \rangle.$ 注意这里 $\{3, 4, 5\}$ 是本原勾股三元组. 但用以上欧几里得公式生成的勾股三元组未必是本原的, 例如, 对 $m = 5, n = 3$ 用欧几里得公式 $m^2 - n^2 = 16, 2mn = 30, m^2 + n^2 = 34$ 得到的勾股三元组 $\{16, 30, 34\}$ 就不是本原勾股三元组, $16, 30, 34$ 有公因数 $2.$ 我们可证明下面的结论.

定理 7.20 若 $\{a, b, c\}$ 是本原勾股三元组, 则 a, b, c 可表示为

$$a = m^2 - n^2, \quad b = 2mn, \quad c = m^2 + n^2,$$

其中 m, n 为正整数, m, n 互素, 即没有公因数; $m > n$, m, n 中一个是奇数, 一个是偶数. 反之, 若存在满足上述条件的正整数 m, n, 可将 a, b, c 写成上述形式, 则 $\{a, b, c\}$ 必是本原勾股三元组.

证明 设 $\{a, b, c\}$ 是本原勾股三元组, $a^2 + b^2 = c^2$, 则 a, b, c 不能全都是偶数. 现证 c 不能是偶数. 证明中用到下述事实: 对任何整数 n, n 是偶数时 n^2 必可被 4 整除, n 是奇数时 n^2 除以 4 余数为 1. 若 c 是偶数, 同时 b, a 均为奇数, 由于 $a^2 + b^2 = c^2$, 等式两边除以 4, 一边余数为 0, 另一边余数为 2, 得出矛盾. 故 c 只能是奇数, a, b 中必有一个是偶数, 不妨设 b 是偶数, 从而 a, c 只能是奇数, 这样一来 $a + c$ 与 $a - c$ 均为偶数. 将 $a^2 + b^2 = c^2$ 写成

$$\left(\frac{b}{2}\right)^2 = \left(\frac{c+a}{2}\right)^2 \left(\frac{c-a}{2}\right)^2.$$

容易看出, 上式中每个括号里的数均为整数. 不难证明, $(c+a)/2$ 与 $(c-a)/2$ 互素, 这是因为, 如果某数 d 同时能整除 $(c+a)/2$ 与 $(c-a)/2$, 则也必能整除 $(c+a)/2$ 与 $(c-a)/2$ 的和 c 与差 a, 但 c 与 a 互素, 矛盾. 这就是说两个互素整数的乘积是完全平方数, 则这两个互素的整数本身也是完全平方数, 即有互素的正整

数 m, n，使得 $(c+a)/2 = m^2$, $(c-a)/2 = n^2$. 由此解得 $a = m^2 - n^2$, $b = 2mn$, $c = m^2 + n^2$. 因 a 是奇数，m 与 n 中必有一个是偶数，另一个是奇数. 又因 a 为正整数，故 $m > n$.

反之，若存在满足上述条件的正整数 m, n，可将 a, b, c 写成上述形式，很容易验证 $a^2 + b^2 = c^2$，又，因 $m > n \geqslant 1$，故 a, b, c 都是正整数，特别是因为 m, n 互素，a, b, c 也必两两互素，$\{a, b, c\}$ 是本原勾股三元组. □

任一本原勾股三元组可由满足定理 7.20 所述条件的一对正整数 m, n 得到. 但尽管如此，并非所有勾股三元组均可用欧几里得方法求得. 例如，勾股三元组 $\{9, 12, 15\}$ 不是本原的，就不能用欧几里得方法求出. 但除 m, n 外再引进一个参数 k 就可以生成所有的勾股三元组了.

$$a = k \cdot (m^2 - n^2), \quad b = k \cdot (2mn), \quad c = k \cdot (m^2 + n^2),$$

其中 m, n, k 均为正整数，m, n 互素不均为奇数，$m > n$.

问题：任给正整数 N，N 是否必为勾股三角形的一边？答案是肯定的. 若 N 为偶数，取

$$n = 1, \quad m = \frac{N}{2},$$

则 $N = 2mn$ 是勾股三角形的一边；若 N 为奇

数，取

$$m = \frac{N+1}{2}, \quad n = \frac{N-1}{2},$$

则 $N = m^2 - n^2 = (m+n)(m-n)$ 也是勾股三角形的一边.

表 7.5 给出了利用 m, n 公式求得最短边由 3 至 21 的勾股三角形的相关程序与数据，读者可逐一验证并进一步理解前述欧几里得公式.

表 7.5

勾股三元组	m, n	本原与否	勾股三元组	m, n	本原与否
3, 4, 5	2, 1	本原	15, 36, 39		$3 \times (5, 12, 13)$
5, 12, 13	3, 2	本原	15, 112, 113	8, 7	本原
6, 8, 10	3, 1	$2 \times (3, 4, 5)$	16, 30, 34	5, 3	$2 \times (8, 15, 17)$
7, 24, 25	4, 3	本原	16, 63, 65	8, 1	本原
8, 15, 17	4, 1	本原	17, 144, 145	9, 8	本原
9, 12, 15		$3 \times (3, 4, 5)$	18, 24, 30		$6 \times (3, 4, 5)$
9, 40, 41	5, 4	本原	18, 80, 82	9, 1	$2 \times (9, 40, 41)$
10, 24, 26	5, 1	$2 \times (5, 12, 13)$	19, 180, 181	10, 9	本原
11, 60, 61	6, 5	本原	20, 48, 52	6, 4	$4 \times (5, 12, 13)$
12, 16, 20	4, 2	$4 \times (3, 4, 5)$	20, 99, 101	10, 1	本原
12, 35, 37	6, 1	本原	20, 21, 29	5, 2	本原
13, 84, 85	7, 6	本原	21, 28, 35		$7 \times (3, 4, 5)$
14, 48, 50	7, 1	$2 \times (7, 24, 25)$	21, 72, 75		$3 \times (7, 24, 25)$
15, 20, 25		$5 \times (3, 4, 5)$	21, 220, 221	11, 10	本原

斐波那契 (Fibonacci) 法 (F-方法): 众所周知，斐波那契数列是指下述整数数列

$$1, 1, 2, 3, 5, 8, 13, 21, 34, 55, 89, 144, \cdots,$$

其一般项公式如下:

$$f_n = f_{n-1} + f_{n-2}, \quad n = 1, 2, 3, \cdots,$$

其中 $f_1 = f_2 = 1$.

我们可以把通项公式概括为"相邻两项相加即得下一项",不妨称此规则为 F- 规则,用此规则即可生成勾股三元组或勾股三角形:开始任取 2 个数,如 $1, 3$, 按 F- 规则相加得下一项,于是有 $1, 3, 4$, 再次用 F- 规则即得 $1, 3, 4, 7$, 称之为 F-型数列. 由此按下列步骤可求得勾股三元组,即勾股三角形的直角边与斜边.

第一直角边:居中两项相乘再乘以 2,得勾股三角形的第一条直角边,这里第一直角边是 $(3 \times 4) \times 2 = 24$.

第二直角边:外侧两项相乘,得勾股三角形的第二条直角边,这里第二直角边是 $1 \times 7 = 7$.

斜边:居中两项的平方和即为勾股三角形的斜边,这里斜边是 $3^2 + 4^2 = 25$; 另,后两项的乘积减前两项的乘积即为勾股三角形的斜边,这里斜边也是 $4 \times 7 - 1 \times 3 = 25$.

有趣的是,m, n 方法与 F-方法实质上是一致的,采用 m, n 方法时,首先要列出 $m - n$, $n, m, m + n$, 显然这就是一个 F-型数列,第三项 m 是前两项的和 $(m-n)+n = m$, 第四项 $m+n$ 也正是前两项的和. 按上述 F- 方法,外侧两项

的乘积是 $2mn$，外侧两项的乘积是 $(m-n)(m+n) = m^2 - n^2$，居中两项的平方和是 $m^2 + n^2$，如此正是 m, n 方法中的两个直角边与斜边.

图 7.4(a) 显示的是整数边正方形被划分成若干个勾股三角形，是 2008 年由澳大利亚一名叫 Penny Drastik 的少年构造的, 着实令人称奇;

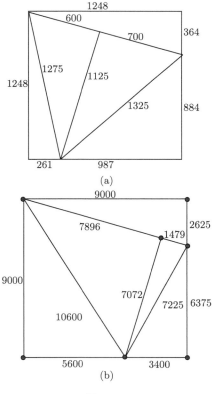

图 7.4

图 7.4(b) 由 Jepsen 与 Roc 制作.

7.6.2 勾股三元组的其他构造方法

下面另提供几种构造勾股三元组的方法.

1. 倒数法

(1) (i) 任取两个差为 2 的奇数, 如 3, 5.

(ii) 求两个奇数的倒数之和 $\frac{1}{3} + \frac{1}{5} = \frac{8}{15}$.

(iii) 和式中的两个数 8, 15 就是一个勾股三角形的两个边长, 由 $\sqrt{8^2 + 15^2} = 17$, 即得勾股三元组 $\{8, 15, 17\}$.

(2) (i) 任取两个差为 2 的偶数, 如 2, 4.

(ii) 求两个偶数的倒数之和 $\frac{1}{2} + \frac{1}{4} = \frac{3}{4}$.

(iii) 和式中的两个数 3, 4 就是一个勾股三角形的两个边长, 由 $\sqrt{3^2 + 4^2} = 5$ 即得勾股三元组 $\{3, 4, 5\}$.

2. 双分数法

任取两个乘积为 2 的分数 (整数也可视为分数), 如 $\frac{1}{3}$, 6, 每个分数加 2, 得 $\frac{7}{3}$, 8, 两个分数交叉相乘得两个整数 7, 24, 如此即得到勾股三角形的两条直角边, 两者的平方和为 $7^2 + 24^2 = 625$, 斜边为 $\sqrt{625} = 25$, 勾股三角形是 $\langle 7, 24, 25 \rangle$.

3. Chris Evans 方法 (表 7.6)

这是 1991 年一位名叫 Chris Evans 的中学生发表在 Mathematical Gazette 上的方法.

$$1\frac{1}{3} = \frac{4}{3} \rightarrow 3, 4, 5,$$

$$2\frac{2}{5} = \frac{12}{5} \rightarrow 5, 12, 13,$$

$$3\frac{3}{7} = \frac{24}{7} \rightarrow 7, 24, 25,$$

$$4\frac{4}{9} = \frac{40}{9} \rightarrow 9, 40, 41,$$

$$5\frac{5}{11} = \frac{60}{11} \rightarrow 11, 60, 61,$$

$$6\frac{6}{13} = \frac{84}{13} \rightarrow 13, 84, 85,$$

$$7\frac{7}{15} = \frac{112}{15} \rightarrow 15, 112, 113.$$

分子与分母给出了两个直角边, 分子加 1 为斜边.

表 7.6

k	$a = 2k+1$	$b = 2k(k+1)$	$c = b+1$
1	3	4	5
2	5	12	13
3	7	24	25
4	9	40	41
5	11	60	61
6	13	84	85
7	15	112	113

7.7 勾股三角形与格点多边形

每个勾股三角形 $\langle a, b, c \rangle$ 都可用顶点为 $(0, 0)$, $(0, a)$ $(b, 0)$ 的格点多边形表示 (图 7.5), 这里我

们只考虑本原勾股三角形 $\langle a, b, c \rangle$.

如图 7.5 所示格点勾股三角形的边界格点数记为 t，内部格点数为 i，有下述公式 (Paul Yiu)：

$$i = \frac{(a-1)(b-1) - \gcd(a,b) + 1}{2},$$

$\langle a, b, c \rangle$ 为本原勾股三角形时 $\gcd(a,b) = 1$，于是有

$$i = \frac{(a-1)(b-1)}{2}.$$

勾股三角形 $\langle a, b, c \rangle$ 的面积 $A = \dfrac{ab}{2}$. 另由格点多边形的面积公式匹克定理知，本原勾股三角形的面积是

$$A = i + \frac{t}{2} - 1 = \frac{(a-1)(b-1)}{2} + \frac{t}{2} - 1,$$

$$\frac{(a-1)(b-1)}{2} + \frac{t}{2} - 1 = \frac{ab}{2},$$

$$t = a + b + 1.$$

综上所述，如图 7.5 所示，本原勾股三角形作为格点直角三角形其斜边除端点外不含格点，边界格点数 $t = a + b + 1$，内部格点数 $i = \dfrac{(a-1)(b-1)}{2}$，面积 $A = \dfrac{ab}{2}$.

下面提供几组近年发现的数据.

具有相同面积的两个本原勾股三角形：

$\langle 20, 21, 29 \rangle$，$\langle 12, 35, 37 \rangle$，面积 $A = \dfrac{ab}{2} = 210$；

260

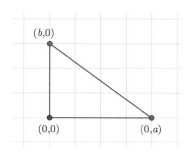

图 7.5

具有相同面积的三个本原勾股三角形:

$\langle 4485, 5852, 7373 \rangle$, $\quad \langle 3059, 8580, 9109 \rangle$,

$\langle 1380, 19019, 19069 \rangle$, $\quad$ 面积 $\dfrac{ab}{2} = 13123110$;

具有相同内部格点数的两个本原勾股三角形:

$\langle 18108, 252685, 253333 \rangle, \langle 28077, 162964, 165365 \rangle$,

内部格点数 $i = \dfrac{(a-1)(b-1)}{2} = 2287674594$;

据了解, 迄今尚未发现三个具有相同内部格点数的本原勾股三角形.

7.8 本原勾股三角形的生成树

Berggren (1934) 的研究表明, 任何本原勾股三元组, 因而任何本原勾股三角形均可由 $\langle 3, 4, 5 \rangle$

经以下简单的线性变换得到，其中 a, b, c 表示本原勾股三角形的三边 (表 7.7).

表 7.7

	新边 a	新边 b	新边 c
T_1	$a - 2b + 2c$	$2a - b + 2c$	$2a - 2b + 3c$
T_2	$a + 2b + 2c$	$2a + b + 2c$	$2a + 2b + 3c$
T_3	$-a + 2b + 2c$	$-2a + 2b + 2c$	$-2a + 2b + 3c$

这就是说，由"母三角形"$\langle 3, 4, 5 \rangle$ 开始，可利用以上三个公式 T_1, T_2, T_3 生成三个下一代互异本原勾股三角形: $\langle 5, 12, 13 \rangle$, $\langle 21, 20, 29 \rangle$, $\langle 15, 8, 17 \rangle$.

$T_1: 3 - 2 \cdot 4 + 2 \cdot 5 = 5, \quad 2 \cdot 3 - 4 + 2 \cdot 5 = 12,$

$\quad 2 \cdot 3 - 2 \cdot 4 + 3 \cdot 5 = 13,$

$T_2: 3 + 2 \cdot 4 + 2 \cdot 5 = 21, \quad 2 \cdot 3 + 4 + 2 \cdot 5 = 20,$

$\quad 2 \cdot 3 + 2 \cdot 4 + 3 \cdot 5 = 29,$

$T_3: 3 + 2 \cdot 4 + 2 \cdot 5 = 15, \quad -2 \cdot 3 - 4 + 2 \cdot 5 = 8,$

$\quad -2 \cdot 3 - 2 \cdot 4 + 3 \cdot 5 = 17.$

每一个新生成的本原勾股三角形又都可作为"母三角形"，经变换生成其下一代新的本原勾股三角形. 就这样，用迭代方式，任何本原勾股三角形都可以由"母三角形"$\langle 3, 4, 5 \rangle$ 经过若干次变换得到，从而形成了本原勾股三元组的生成树，也就是本原勾股三角形的生成树. 下面是由 $\langle 3, 4, 5 \rangle$ 出发所得三代本原勾股三角形生成树的开始部分. 参见文献 (Kanga, 1990).

$$
\langle 3, 4, 5\rangle
\begin{cases}
\langle 5, 12, 13\rangle
\begin{cases}
\langle 7, 24, 25\rangle
\begin{cases}
\langle 9, 40, 41\rangle\\
\langle 105, 88, 137\rangle\\
\langle 91, 60, 109\rangle
\end{cases}\\
\langle 55, 48, 73\rangle
\begin{cases}
\langle 105, 208, 233\rangle\\
\langle 297, 304, 425\rangle\\
\langle 187, 84, 205\rangle
\end{cases}\\
\langle 45, 28, 53\rangle
\begin{cases}
\langle 95, 168, 193\rangle\\
\langle 207, 224, 305\rangle\\
\langle 117, 44, 125\rangle
\end{cases}
\end{cases}\\
\langle 21, 20, 29\rangle
\begin{cases}
\langle 39, 80, 89\rangle
\begin{cases}
\langle 57, 176, 185\rangle\\
\langle 377, 336, 505\rangle\\
\langle 299, 180, 349\rangle
\end{cases}\\
\langle 119, 120, 169\rangle
\begin{cases}
\langle 217, 456, 505\rangle\\
\langle 697, 696, 985\rangle\\
\langle 459, 220, 509\rangle
\end{cases}\\
\langle 77, 36, 85\rangle
\begin{cases}
\langle 175, 288, 337\rangle\\
\langle 319, 360, 481\rangle\\
\langle 165, 52, 173\rangle
\end{cases}
\end{cases}\\
\langle 15, 8, 17\rangle
\begin{cases}
\langle 33, 56, 65\rangle
\begin{cases}
\langle 51, 140, 149\rangle\\
\langle 275, 252, 373\rangle\\
\langle 209, 120, 241\rangle
\end{cases}\\
\langle 65, 72, 97\rangle
\begin{cases}
\langle 115, 252, 277\rangle\\
\langle 403, 396, 565\rangle\\
\langle 273, 136, 305\rangle
\end{cases}\\
\langle 35, 12, 37\rangle
\begin{cases}
\langle 85, 132, 157\rangle\\
\langle 133, 156, 205\rangle\\
\langle 63, 16, 65\rangle
\end{cases}
\end{cases}
\end{cases}
$$

263

注意观察以上数据 (a,b,c)，不难发现以下性质：

(1) a,b 中恰有一个是奇数，c 必为奇数；

(2) $\dfrac{(c-a)(c-b)}{2}$ 必为完全平方数；

(3) 对应勾股三角形面积必为整数；

(4) a,b 中恰有一个可被 3 整除；

(5) a,b 中恰有一个可被 4 整除；

(6) a,b,c 中恰有一个被 5 整除；

(7) a,b,c 中至多有一个是平方数；

(8) a,b 中必有一个可被 3 整除，c 不能被 3 整除；

(9) 存在无限多个本原勾股三角形.

8 三角剖分与卡特兰数

8.1　多边形的对角线三角剖分

　　将多边形划分为三角形称为多边形的三角剖分. 例如图 8.1(a) 所示将一个五边形划分为 5 个三角形, 这是三角剖分; (b) 表面上似乎也是三角剖分, 但注意到 ABE 区域是由 4 条边 4 个顶点构成, 并非三角形, 所以 (b) 这样的 "剖分" 不是三角剖分. 详见文献 (Cohen, 1978; Campbell, 1984).

　　可以设想, 如果不设限制条件, 给定一个 n 条边的多边形可以有无限多种不同的三角剖分. 为了讨论三角剖分的计数问题我们必须设置某种限制, 比如限制多边形内部的顶点个数, 而最简单也最有意义的限制条件是三角剖分不允许 n 边形内部增加任何顶点，只允许利用 n 边形的内部不相交的对角线，即除端点外无公共点的对角线，这样的三角剖分称为对角线三角剖分.

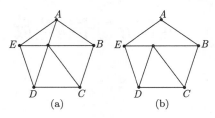

图 8.1

在我们的计数问题中，n 边形的顶点记为 $v_1, v_2, \cdots, v_n$，n 边形的两个三角剖分相同是指两个剖分中的对角线完全相同，例如图 8.2 中两个六边形的三角剖分是不相同的，因为两个剖分中用到的对角线不相同.

图 8.2

设 T_n 为 n 边形不同的对角线三角剖分的个数. 最早计算 T_n 精确值的是欧拉. 规定 $T_0 = 0, T_1 = 0, T_2 = 1, T_3 = 1$. 按定义可得 $T_4 = 2$（图 8.3），$T_5 = 5$（图 8.4），$T_6 = 14$（图 8.5）.

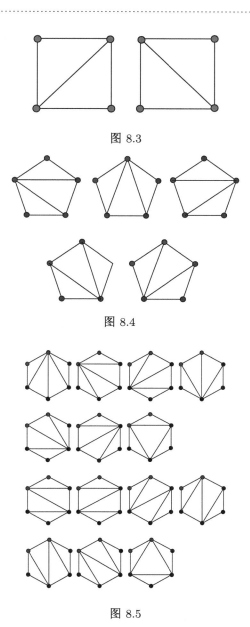

图 8.3

图 8.4

图 8.5

若 n 边形的两条对角线除端点外没有公共点, 则称这两条对角线为内部不相交的对角线.

定理 8.1 n 边形的任何对角线三角剖分恰含有内部不相交的 $n-3$ 条对角线.

证明 任给 n 边形的一个对角线三角剖分, 其所有三角形内角之和就是 n 边形的内角和 $(n-2)\pi$, 恰含有 $n-2$ 个三角形. 设内部不相交的对角线条数为 x, $n-2$ 个三角形共有 $3(n-2)$ 条边, 每条对角线重复计数 2 次, 故 $2x+n=3(n-2)$, $x=n-3$. □

8.2 对角线三角剖分的计数问题

定理 8.2 $T_{n+1} = T_2 T_n + T_3 T_{n-1} + \cdots + T_n T_2$.

证明 考虑 $n+1$ 边形, 如图 8.6 所示, 设其顶点为 $v_1, v_2, \cdots, v_n, v_{n+1}$, 显然 $v_1 v_{n+1}$ 必为三角剖分中某三角形的边, 设这个三角形的另一顶点为 v_k, 其中 $k = 2, 3, \cdots, n$, 则 $\triangle v_{n+1} v_1 v_k$ 将 n 边形划分为上下两个部分: 上方为 k 边形, 顶点是 $v_1, v_2, \cdots, v_k$; 下方为 $n-k+2$ 边形, 顶点是 $v_k, v_{k+1}, \cdots, v_{n+1}$. 上方 k 边形的三角剖分方式有 T_k 种, 对应于其每一种剖分, 下方 $n-k+2$ 边形都有 T_{n-k+2} 种剖分方式, 故 $n+1$ 边形的

含有 $\triangle v_{n+1}v_1v_k$ 的三角剖分的个数是 T_kT_{n-k+2}.
为求得 $n+1$ 边形的所有三角剖分的个数, 应令
T_kT_{n-k+2} 中的 k 依次取 $2,3,\cdots,n$ 再求和, 故
有

$$T_{n+1} = T_2T_n + T_3T_{n-1} + \cdots + T_nT_2. \qquad \square$$

定理 8.3 $(n-3)T_n = \dfrac{n}{2}(T_3T_{n-1}+T_4T_{n-2}+$
$\cdots + T_{n-1}T_3).$

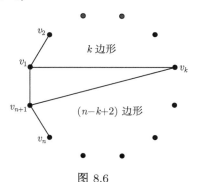

图 8.6

证明 类似于定理 8.2 的证明, 考虑顶点
为 $v_1,v_2,\cdots,v_n$ 的 n 边形 (图 8.7), 对角线 v_1v_k
将 n 边形划分为上下两个多边形, 上方是 k 边
形, 其顶点为 $v_1,v_2,\cdots,v_k$, 下方是 $n-k+2$
边形, 其顶点为 $v_k,v_{k+1},\cdots,v_n,v_1$. 上方 k 边
形的三角剖分方式有 T_k 种, 对应于其每一种剖
分, 下方 $n-k+2$ 边形都有 T_{n-k+2} 种剖分方
式, 故 n 边形的含有对角线 v_1v_k 的三角剖分共

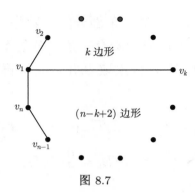

图 8.7

有 $T_k T_{n-k+2}$. 由 v_1 出发的对角线共有 $n-2$ 条: $v_1 v_3, v_1 v_4, \cdots, v_1 v_{n-1}$, 因而对应于顶点 v_1 的三角剖分个数是

$$T_3 T_{n-1} + T_4 T_{n-2} + \cdots + T_{n-1} T_3.$$

由对称性可知, 这也是对应于 n 边形的其余 $n-1$ 个顶点中每一个顶点的三角剖分个数. 从而

$$n(T_3 T_{n-1} + T_4 T_{n-2} + \cdots + T_{n-1} T_3)$$

表示的是满足以下条件的三角剖分总数的计数: n 边形的每条对角线计及两次, 每个顶点计及一次. 于是下面的算式就表示每个顶点计及一次且每条对角线也计及一次的三角剖分个数:

$$\frac{n}{2}(T_3 T_{n-1} + T_4 T_{n-2} + \cdots + T_{n-1} T_3).$$

但另一方面, 由定理 8.1 可知, n 边形的每个三角剖分中恰含有 $n-3$ 条对角线, 因此以上算式

中每个三角形剖分都恰好计及 $n-3$ 次, 于是

$$(n-3)T_n = \frac{n}{2}(T_3T_{n-1} + T_4T_{n-2} + \cdots + T_{n-1}T_3).$$

$\square$

定理 8.4

$$T_n = \frac{1}{n-1}\binom{2n-4}{n-2}.$$

证明 因规定 $T_2 = 1$, 由定理 8.2 中的递推公式

$$T_{n+1} = T_2T_n + T_3T_{n-1} + \cdots + T_{n-1}T_3 + T_nT_2,$$

可得

$$T_{n+1} - 2T_n = T_3T_{n-1} + \cdots + T_{n-1}T_3.$$

将此式代入定理 8.3 递推公式的右端得

$$(n-3)T_n = \frac{n}{2}(T_{n+1} - 2T_n),$$

即

$$(2n-3)T_n = \frac{n}{2}T_{n+1}.$$

从而有

$$\frac{T_{n+1}}{T_n} = \frac{2(2n-3)}{n} = \frac{(2n-2)(2n-3)}{n(n-1)}.$$

于是

$$T_{n+1} = \frac{T_{n+1}}{T_n}\frac{T_n}{T_{n-1}}\frac{T_{n-1}}{T_{n-2}}\frac{T_{n-2}}{T_{n-3}}\cdots\frac{T_3}{T_2}$$

$$= \frac{(2n-2)(2n-3)}{n(n-1)}\frac{(2n-4)(2n-5)}{(n-1)(n-2)}$$

$$\frac{(2n-6)(2n-7)}{(n-2)(n-3)}\cdots\frac{(4-2)(4-3)}{2(2-1)}$$

$$= \frac{(2n-2)!}{n!(n-1)!}$$

$$= \frac{1}{n}\binom{2n-2}{n-1}.$$

在上式中将 n 代换为 $n-1$ 即得

$$T_n = \frac{1}{n-1}\binom{2n-4}{n-2}. \qquad \Box$$

例 8.1

$$T_4 = \frac{1}{3}\binom{4}{2} = \frac{1}{3}\cdot 6 = 2,$$

$$T_5 = \frac{1}{4}\binom{6}{3} = \frac{1}{4}\cdot 20 = 5,$$

$$T_6 = \frac{1}{5}\binom{8}{4} = \frac{1}{5}\cdot 70 = 14.$$

定理 8.5

$$T_{n+2} = T_{n+1}T_2 + T_nT_3 + T_{n-1}T_4 + \cdots + T_3T_n + T_2T_{n+1}.$$

证明 现以凸 8-边形为例作如下推理，即证明 $n = 6$ 时公式成立 (图 8.8)，论证的每一步均适用于任意边数的凸多边形. 考虑 8-边形上方的水平边, 无论对 8-边形作何种三角剖分, 这条边总恰好是剖分所得 6 个三角形中某个三角形的一边. 含这条水平边的三角形以阴影标出, 如图 8.8 所示共有 6 种情形, 每种情形下阴影三角形的左右两侧均有一个多边形 (或为空集). 考虑图 8.8(a) 的阴影三角形, 其左侧是 7- 边形, 右侧是空集, 或者说是一个退化的二边形. 对这两个多边形作三角剖分, 左侧 7- 边形的三角剖分个数是 T_7, 右侧 2- 边形的三角剖分个数是 T_2, 从而八边形的含有左上方阴影三角形的三角剖分个数是 T_7T_2; 类似地, 考虑图 8.8(f) 的阴影三角形, 其右侧是 7- 边形, 左侧是 2- 边形, 从而 8- 边形的含有右下方阴影三角形的三角剖分个数是 T_2T_7. 类似地, 再关注图 8.8(c) 的阴影三角形, 其左侧是 5- 边形, 对应的三角剖分个数是 T_5, 右侧是 4- 边形, 对应三角剖分个数是 T_4, 从而 8-边形含有图 8.8(c) 阴影三角形的三角剖分个数是 T_5T_4. 对所有 6 个阴影三角形逐一作类似分析即得

$$T_8 = T_7T_2 + T_6T_3 + T_5T_4 + T_4T_5 + T_3T_6 + T_2T_7.$$

一般地, 我们有

$$T_{n+2} = T_{n+1}T_2 + T_nT_3 + T_{n-1}T_4 + \cdots + T_3T_n + T_2T_{n+1}.$$

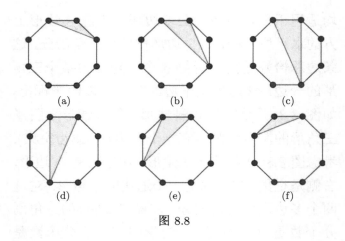

图 8.8

8.3 卡 特 兰 数

如前所述, $T_n = \dfrac{1}{n-1}\dbinom{2n-4}{n-2}$ 表示 n 边形的对角线三角剖分的个数. 令

$$C_n = T_{n+2}(n = 0, 1, 2, \cdots),$$

称

$$C_n = \frac{1}{n+1}\binom{2n}{n} \ (n = 0, 1, 2, \cdots)$$

为 n 阶卡特兰 (Eugène Charles Catalan, 1814—1894) 数, 见文献 (Cohen, 1978).

事实上, 我们也可以将 n- 阶卡特兰数定义为凸 $(n+2)$- 边形的对角线三角剖分的个数, 进而直接导出 $C_n = \dfrac{1}{n+1}\dbinom{2n}{n}$ $(n = 0, 1, 2, \cdots)$.

定理 8.6 n- 阶卡特兰数 C_n 满足如下递推公式:

$$C_n = C_{n-1}C_0 + C_{n-2}C_1 + \cdots + C_1C_{n-2} + C_0C_{n-1}.$$

由此可导出

$$C_n = \frac{1}{n+1}\binom{2n}{n} \ (n = 0, 1, 2, \cdots).$$

证明 在定理 8.5 的递推公式中,注意到 $T_{n+2} = C_n$,对各项的下标作相应调整即得上述 C_n 的递推公式. 现定义可生成卡特兰数的生成函数 $f(x)$ 如下:

$$f(x) = C_0 + C_1 x + C_2 x + C_3 x + \cdots, \quad (1)$$

$$\begin{aligned}
[f(x)]^2 = &C_0C_0 + (C_1C_0 + C_0C_1)x \\
&+ (C_2C_0 + C_1C_1 + C_0C_2)x^2 \\
&+ (C_3C_0 + C_2C_1 + C_1C_2 + C_0C_3)x^3 \\
&+ \cdots.
\end{aligned}$$

利用定理 8.6 中的递推公式化简上式中的系数得

$$[f(x)]^2 = C_1 + C_2 x + C_3 x^2 + C_4 x^3 + \cdots, \quad (2)$$

$$x[f(x)]^2 = C_1 x + C_2 x^2 + C_3 x^3 + C_4 x^4 + \cdots. \quad (3)$$

综合 (1) 与 (3) 得

$$x[f(x)]^2 - f(x) + C_0 = 0,$$

简记为

$$xf^2 - f + C_0 = 0. \qquad (4)$$

将 (4) 式看成 f 的一元二次方程, 解得

$$f(x) = \frac{1 - \sqrt{1 - 4x}}{2x}, \qquad (5)$$

这里运用求根公式时根号取负号, 这是因为由 (1) 式, $x \to 0$ 时 $f(x) \to C_0 = 1$, 如果根号前取正号, 则 $x \to 0$ 时 $1 + \sqrt{1 - 4x} \to 2$, 从而 $f(x) = \dfrac{1 + \sqrt{1 - 4x}}{2x} \to \infty$, 矛盾.

我们熟知的二项式定理可写成如下形式:

$$(a+b)^n = a^n + \frac{n}{1!}a^n b^1 + \frac{n(n-1)}{2!}a^{n-2}b^2$$
$$+ \frac{n(n-1)(n-2)}{3!}a^{n-3}b^3 + \cdots.$$

按广义二项式定理, $(a+b)^n$ 中令 $n = \dfrac{1}{2}$, 有

$$(1-4x)^{1/2}$$
$$= 1 - \frac{\left(\dfrac{1}{2}\right)}{1!}4x + \frac{\left(\dfrac{1}{2}\right)\left(-\dfrac{1}{2}\right)}{2!}(4x)^2$$
$$- \frac{\left(\dfrac{1}{2}\right)\left(-\dfrac{1}{2}\right)\left(-\dfrac{3}{2}\right)}{3!}(4x)^3$$

$$+\frac{\left(\frac{1}{2}\right)\left(-\frac{1}{2}\right)\left(-\frac{3}{2}\right)\left(-\frac{5}{2}\right)}{4!}(4x)^4$$

$$-\frac{\left(\frac{1}{2}\right)\left(-\frac{1}{2}\right)\left(-\frac{3}{2}\right)\left(-\frac{5}{2}\right)\left(-\frac{7}{2}\right)}{5!}(4x)^5+\cdots$$

$$=1-\frac{1}{1!}2x-\frac{1}{2!}4x^2-\frac{1\cdot3}{3!}8x^3$$

$$-\frac{1\cdot3\cdot5}{4!}16x^4-\frac{1\cdot3\cdot5\cdot7}{5!}32x^5+\cdots.$$

将此式代入 (5) 式即得

$$f(x)=1+\frac{1}{2!}2x+\frac{1\cdot3}{3!}2^2x^2+\frac{1\cdot3\cdot5}{4!}2^3x^3$$

$$+\frac{1\cdot3\cdot5\cdot7}{5!}2^4x^4+\cdots$$

$$=1+\frac{1}{2}\frac{2!}{1!1!}x+\frac{1}{3}\frac{4!}{2!2!}x^2+\frac{1}{4}\frac{6!}{3!3!}x^3$$

$$+\frac{1}{5}\frac{8!}{4!4!}x^4+\cdots$$

$$=1+\frac{1}{2}\binom{2}{1}x+\frac{1}{3}\binom{4}{2}x^2+\frac{1}{4}\binom{6}{3}x^3$$

$$+\frac{1}{5}\binom{8}{4}x^4+\cdots. \tag{6}$$

对照 (1) 式即可得

$$C_0=1,\quad C_1=\frac{1}{2}\binom{2}{1},\quad C_2=\frac{1}{3}\binom{4}{2},$$

$$C_3=\frac{1}{4}\binom{6}{3},\quad C_4=\frac{1}{5}\binom{8}{4}.$$

一般情形有

$$C_n = \frac{1}{n+1}\binom{2n}{n}.$$

注意，(6) 式的推导中作了如下计算：

$$8! = 1\cdot 3\cdot 5\cdot 7\cdot 2\cdot 4\cdot 6\cdot 8 = 1\cdot 3\cdot 5\cdot 7\cdot 2^4\cdot 4!$$

$$\Rightarrow 1\cdot 3\cdot 5\cdot 7\cdot 2^4 = \frac{8!}{4!}.$$

类似地，有 $1\cdot 3\cdot 5\cdot 2^3 = \dfrac{6!}{4!}$， $1\cdot 3\cdot 2^2 = \dfrac{4!}{2!}$. $\square$

最早发现卡特兰数的是欧拉. 1751 年欧拉就开始通过书信与德国数学家哥德巴赫讨论凸多边形的对角线三角剖分问题, 后来法国 – 比利时数学家卡特兰 (Eugène Charles Catalan, 1814—1894) 用完整的公式表述了相关数列, 后人开始以他的名字命名该数列为卡特兰数列, 从而有了卡特兰数这个名称. 事实上中国蒙族数学家明安图早在 1735 年以前在他的专著《割圆密率捷法》中就确立了这个重要常数及相关理论. 明安图的工作把我国数学研究推向了一个新的高度, 对我国 19 世纪数学发展有很大影响.

T_n 与 C_n 数值的比较见表 8.1.

表 8.1

n	0	1	2	3	4	5	6	7	8	9	10	11	12	13
T_n	0	1	1	2	5	14	42	132	429	1430	4862	16796	58786	
C_n	1	1	2	5	14	42	132	429	1430	4862	16796	58786	208012	742900

一个有趣的事实是, 由杨辉三角可按下列方式直接得到卡特兰数: 在杨辉三角居中一列的数减去同一行中相邻的数即得相应的卡特兰数 (图 8.9). 这是因为

$$C_n = \frac{1}{n+1}\binom{2n}{n} = \frac{n+1-n}{n+1}\binom{2n}{n}$$
$$= \binom{2n}{n} - \frac{n}{n+1}\binom{2n}{n}$$
$$= \binom{2n}{n} - \frac{n}{n+1}\frac{(2n)!}{n!n!}$$
$$= \binom{2n}{n} - \frac{(2n)!}{(n+1)!(n-1)!}$$
$$= \binom{2n}{n} - \binom{2n}{n+1},$$

即

$$C_n = \binom{2n}{n} - \binom{2n}{n+1}.$$

```
                1
              1   1
            1   2   1                      C_0 = 1 - 0 = 0
          1   3   3   1
        1   4   6   4   1                   C_1 = 2 - 1 = 1
      1   5  10  10   5   1
    1   6  15  20  15   6   1              C_2 = 6 - 4 = 2
  1   7  21  35  35  21   7   1
1   8  28  56  70  56  28   8   1           C_3 = 20 - 15 = 5

                                            C_4 = 70 - 56 = 14
```

图 8.9

涉及卡特兰数的数学问题很多, Gould 列举了 243 个范例. 以下提供若干有趣的例子供读

者赏析.

1. $(0,0) - (n,n)$ Dyck 格点路径

考虑平面坐标系中的 $n \times n$ 格点阵, 由格点 $(0,0)$ 到格点 (n,n) 的满足下列条件的路径称为 Dyck 路径:

(a) 路径的每步长度为单位长度 1, 方向只能是 x-轴正向与 y-轴正向;

(b) 路径允许触碰对角线 $y = x$ 但始终保持在对角线 $y = x$ 的下方, 则由格点 $(0,0)$ 到格点 (n,n) 的为 Dyck 路径条数是卡特兰数 $\dfrac{1}{n+1} \times \dbinom{2n}{n}$. 现证明如下.

证明 在格点阵中由原点开始往 x- 轴正向移动一格记为 X, 往 y- 轴正向移动一格记为 Y, 于是由格点 $(0,0)$ 到格点 (n,n) 的为 Dyck 路径条数等于 n 个 X 与 n 个 Y 的满足下列条件的全排列数: 全排列的第一项必须是 X, 任何位置上 Y 之前字母 X 的个数必须严格大于字母 Y 的个数. 图 8.10 给出的是 $n = 1, 2, 3$ 时的 Dyck 路径. n 个 X 与 n 个 Y 的全排列可以这样构作: 从 $2n$ 个位置中任选 n 个位置放入字母 X, 其余 n 个位置放入 Y, 因而 n 个 X 与 n 个 Y 的全排列数是 $\dbinom{2n}{n}$. 现考虑这 $\dbinom{2n}{n}$ 个全排列中不满足定义条件的全排列个数. 若某个

全排列不符合条件，则必有某项 Y，其前 X 的个数与 Y 的个数相等，设由前往后在第 $2m+1$ 个位置首次出现这样的 Y，其前 X 的个数与 Y 的个数同为 m，将这个全排列的前 $2m+1$ 个位置中的 X 与 Y 互换，即 X 改为 Y，Y 改为 X，于是这个不符合定义条件的全排列由 $n+1$ 个 X 与 $n-1$ 个 Y 构成，这样就把不符合条件的 n 个 X 与 n 个 Y 全排列变换成了 $n+1$ 个 X 与 $n-1$ 个 Y 的全排列. 反之，每个 $n+1$ 个 X 与 $n-1$ 个 Y 的全排列又可变换成一个不符合定义条件的 n 个 X 与 n 个 Y 的全排列，变换方式是找出排列中 X 的个数由左至右首次比 Y 的个数大 1 的项 X，将其前 (包括这一项 X) 所有的项中字母 X 与字母 Y 互换，即 X 改为 Y，Y 改为 X，这样就得到了一个不符合定义条件的 n 个 X 与 n 个 Y 的全排列. 由此可知，$\dbinom{2n}{n}$ 个全排列中不符合条件的全排列个数是 $\dbinom{2n}{n-1}$，从而其中符合条件的全排列数是

$$\binom{2n}{n}-\binom{2n}{n-1}=\frac{(2n)!}{n!n!}-\frac{(2n!)}{(n+1)!(n-1)!}$$
$$=\frac{(2n)!}{n!(n-1)!}\left(\frac{1}{n}-\frac{1}{n+1}\right)$$
$$=\frac{(2n)!}{n!(n-1)!}\cdot\frac{1}{n(n+1)}$$

$$= \frac{1}{n+1}\binom{2n}{n}. \qquad \square$$

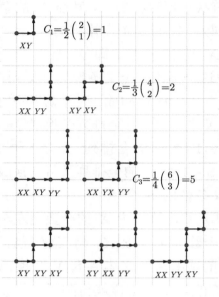

图 8.10

2. $(0,0) - (2n,0)$ Dyck 格点路径与山脉计数

由 $(0,0)$ 到 $(2n,0)$ 的 Dyck 格点路径是指满足下列条件的路径: 每一步只能由一个格点沿"东北"(即沿向量 $(1,1)$) 或"东南"(即沿向量 $(1,-1)$) 方向到达下一个格点前行, 且每步不能落在 x-轴下方. 这样的格点路径条数是 n 阶卡特兰数 C_n.

$(0,0) - (2n,0)$ Dyck 格点路径也可以看成

山脉的示意图，用 / 表示上坡, \ 表示下坡，则在水平线之上 n 个上坡符号与 n 个下坡符号构成的不同山脉的个数是 n 阶卡特兰数 C_n.

证明 图 8.11 是 $n = 1, 2, 3$ 时不同山脉的示意图，当然也表示 $(0,0) - (2n,0)$ Dyck 格点路径. 事实上，如果用字母 U 表示上坡，字母 D 表示下坡，则 n 个 U 与 n 个 D 的满足如下条件的全排列就表示一个山脉，即一条 $(0,0) - (2n,0)$ Dyck 格点路径：全排列的第一项必须是 U，任何位置上 D 之前字母 U 的个数必须严格大于字母 D 的个数. 与上述"Dyck 路径"中的相关证明完全一样即得不同山脉的个数也是 C_n. □

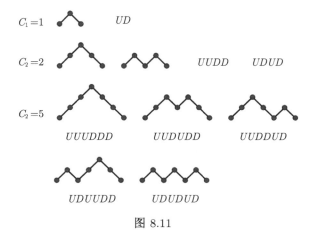

图 8.11

有趣的是，如果在图 8.10 中将每个正方形围绕其对称中心按逆时针方向旋转 135°，将对

角线 $y = x$ 旋转到水平位置, 则每条 Dyck 路径都可以看成一个山脉.

3. 握手方式

设 $2n$ 人围一圆桌而坐, 所有人要同时与另一人握手, 要求握手时手臂不交叉, 则不同的握手方式的种数是 n 阶卡特兰数 C_n. 这个问题可以转换成如下的几何问题: 设在圆周上有均衡分布的 $2n$ 个点, 每两个点用圆的弦连接, 要求这 n 条弦互不相交, 则不同连接方式的总数是 n 阶卡特兰数 C_n. 图 8.12 给出了 $n = 1, 2, 3$ 时的连接方式.

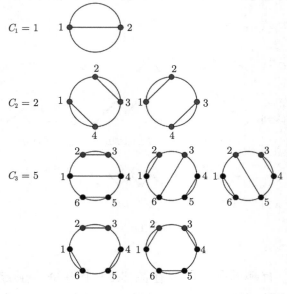

图 8.12

证明　仿照定理 8.2 的证明, 兹证明如下. 设 $2n$ 个点的连接方式共有 R_n 种, 有弦连接的两点其编号的奇偶性互异, 不然就必有弦相交. 设点 1 与点 $2k$ 有弦连接 (图 8.13), 则这条弦的上侧含有 $2(k-1)$ 个点, 这 $2(k-1)$ 个点的连接方式有 R_{k-1} 种; 这条弦的下侧含有 $2(n-k)$ 个点, 这 $2(n-k)$ 个点的连接方式有 R_{n-k} 种; 于是含有连接 1 与 $2k$ 这条弦的连接方式共有 $R_{k-1}R_{n-k}$ 种, 现令 k 依次取值 $1, 2, \cdots, n$ 求和, 即得递推式

$$R_n = R_0R_{n-1}+R_1R_{n-2}+\cdots+R_{n-2}R_1+R_{n-1}R_0.$$

将这一递推式中的 R_n 替换为 C_n, 正是定理 8.6 中卡特兰数的递推公式, 由定理 8.6 证得这里的结论. □

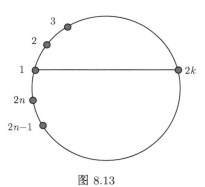

图 8.13

参考文献

Andrews G E. 1979. *A note on partitions and triangles with integer sides.* American Mathematical Monthly. 86: 477-478.

Bagina O. 2004. *Tiling the plane with congruent equilateral convex pentagon.* Journal of Combinatorial Theory A. 105:221-232.

Boltyanski V, Soifer A. 1991. *Geometric etudes in combinatorial mathematics.* Center for Excellence in mathematical Education. Colorado Springs.

Bonnice W E. 1974. *On convex polygons determined by a finite set.* American Mathematical Monthly. 81:749-752

Campbell D M. 1984. *The computation of Catalan numbers.* Mathematical Magazine. 57:195-208.

Cohen D I A. 1978. *Basic Techniques of Combinatorial Theory.* John Wiley & Sons, Inc.

Ding R, Reay J R. 1987. *The boundary characteristic and Pick's theorem in the Archimede-*

an planar tilings. Journal of Combinatorial
Theory A. 44: 110-119.

Ding R, Kołodziejczyk K, Reay J R. 1988. *A*
new Pick-type theorem on the hexagonal lat-
tice. Discrete Mathematics. 68: 171-177.

Ding R, Schattschneider D, Zamfirescu T. 2000.
Tiling the pentagon. Discrete Mathematics.
221: 113-124.

Erdős P, Szekeres G. 1935. *A combinatorial*
problem in geometry. Compositio Mathe-
matica. 2: 463-470.

Erdős P. 1946. *On sets of distances of n points.*
American Mathematical Monthly. 53: 248-
250.

Erdős P, Gruber P M, Hammer J. 1988. *Lat-*
tice points. Longman Scientific & Technical
- John Wiley & Sons, Inc., New York.

Erdős P, Fishburn P. 1997. *Distinct distances*
in finite planar sets. Discrete Mathematics.
175: 97 - 132.

Erdős P, Fishburn P. 1999. *Duplicated distances*

in subsets of finite planar sets. Combinatorics. 8: 73-74.

Fishburn P. 1998. *Isosceles planar subsets.* Discrete & Computational Geometry. 19:391-398.

Gardner M. 1957. *On tessellating the plane with convex polygon tiles.* Scientific America.

Grünbaum B. 1972. *Arrangements and spreads.* American Mathematical Society.

Grünbaum B, Shephard G C. 1986. *Tilings and Patterns.* W.H. Freeman and Company, New York.

Hadwiger H, Debrunner H. 1964. *Combinatorial Geometry in the Plane.* Holt, Rinehart & Winston, London.

Hirschhorn M D. 2003. *Triangles with integer sides.* Mathematical Magazine. MAA 76:306-308.

Honsberger R. 1976. *The set of distances determined by n points in the plane.* Mathematical Germs II. MAA.

Honsberger R. 1997. *Two problemss in combinatorial geometry*. Mathematical Germs III. MAA.

Honsberger R. 1998. *Ingenuity in mathematics*. The Mathematical Association of America.

Ivanov O A. 2010. *On the number of regions into which n straight lines divide the plane*. American Mathematical Monthly. 117: 881-888.

Jafari A. Amin A N. 2016. *On the Erdős distance conjecture in geometry*. Open Journal of Discrete Mathematics. 6: 109-160.

Kanga A R. 1990. *The family tree of Pythagorean triples*. Bulletin of Institute of Mathematics and its Applications. 26:15-17.

Krantz S G. 1997. *Techniques of Problem Solving*. American Mathematical Society.

Morris W, Soltan V. 2000. *The Erdős-Szekeres problem on points in convex position, a survey*. Bulletin of The American Mathematical Society. 37:437-458.

Murty M R, Nithum T. 2007. *Pick's Theorem via Minkowski's Theorem.* The American Mathematical Monthly. 114: 732-736.

Niven I. 1978. *Convex polygons that cannot tile the plane.* American Mathematical Monthly. 785-792.

Olds C D, Lax A, Davidoff G P. 2000. *The Geometry of numbers.* The Mathematical Association of America.

O'Rourke J. 1998. *Computational geometry in C.* Cambridge University Press.

Pach J, Agawal P. 1995. *Combinatorial geometry.* John Wiley & Sons, Inc.

Rabinowitz S. 1989. *Some metric inequalities for lattice polygons.* Journal of Combinatorial Mathematics and Combinatorial Computing. 5:119-138.

Rabinowitz S. 1989. *A census of convex lattice polygons with at most one interior lattice point.* ARS Combinatoria. 28:83-96.

Rabinowitz S. 1990. *On the number of lattice points inside a convex lattice n-gon.* Congresus Numerantium 73:99-124.

Rabinowitz S. 2005. *Consequences of the pentagon property.* Geombinatorics. 14:208-220.

Rigby J.F. 1988. *Equilateral triangle and golden ratio.* Mathematical Gazette. 72: 27-30.

Scott P R. 1976. *On convex lattice polygons.* Bulletin of the Australian Mathematical Society. 15: 395-399.

Scott P R. 1973. *A lattice problem in the plane.* Mathematika. 20: 247-252.

Scott P R. 1987. *The fascination of the elementary.* The American Mathematical Monthly. 94: 759-768.

Scott P R. 1976. *Lattice points in convex sets.* Mathematics Magazine. 49: 145-146.

Scott P R. 1982. *Two problems in the plane.* The American Mathematical Monthly. 89: 460-461.

Schattschhneider D. 1978. *Tiling the plane with congruent pentagons.* Math. Mag. 51: 29-44.

Solymosi J, Tóth C D. 2001. *Distinct distances in the plane.* Discrete Comput. Geom. 25: 629-634.

Stover D W. 1966. *Mosaic.* Houghton Miffin Company.

Sugimoto T. 2015. *Convex pentagons for edge-to-edge tiling, II.* Graphs and Combinatorics. 31:281-298.

Thomas O S. 1977. *Triangles in Arrangements of Lines.* Journal of Combinatorial Theory A. 23: 314-320.

Varberg D E. 1985. *Pick's theorem revisited.* The American Mathematical Monthly. 92: 584-587.

Weaver C S. 1977. *Geoboard triangle with one interior point.* Mathematics Magazine. 50: 92-94.

Wilson R, Watkins J J. 2013. *Combinatorics:*

Ancient & Modern. Oxford University Press.

Żak A. 2005. *Dissection of a triangle into similar triangles.* Discrete and Computational Geometry. 32:295-312.